国家“双高计划”特色教材

金相检验实训

主　编　王晓东　张文莉
副主编　刘　捷　胡　新　保思敏

哈尔滨工程大学出版社
Harbin Engineering University Press

内容简介

本书系统地阐述了金相的相关知识。全书共6个章节，第1章介绍金相学相关知识；第2章介绍金相试样的制备；第3章介绍金相显微组织的显示；第4章介绍光学金相显微镜；第5章介绍组织的观察与分析；第6章介绍金相检验。本书内容丰富，在理论讲解中穿插了大量的实操内容，有较强的实用价值，并配有大量的视频和PPT讲解。

本书可供材料类专业学生学习使用，也可供材料类、机械类相关研究人员参考。

图书在版编目(CIP)数据

金相检验实训 / 王晓东，张文莉主编. —哈尔滨：哈尔滨工程大学出版社，2023.12
ISBN 978-7-5661-4173-6

Ⅰ.①金… Ⅱ.①王… ②张… Ⅲ.①金相组织-检验-高等职业教育-教材 Ⅳ.①TG115.21

中国国家版本馆CIP数据核字(2023)第235754号

金相检验实训
JINXIANG JIANYAN SHIXUN

选题策划 田 婧
责任编辑 丁 伟 秦 悦
封面设计 李海波

出版发行 哈尔滨工程大学出版社
社 址 哈尔滨市南岗区南通大街145号
邮政编码 150001
发行电话 0451-82519328
传 真 0451-82519699
经 销 新华书店
印 刷 哈尔滨午阳印刷有限公司
开 本 787 mm×1 092 mm 1/16
印 张 6.75
字 数 161千字
版 次 2023年12月第1版
印 次 2023年12月第1次印刷
书 号 ISBN 978-7-5661-4173-6
定 价 28.90元
http://www.hrbeupress.com
E-mail:heupress@hrbeu.edu.cn

前　　言

【PPT 资源下载】

材料是指可以用于制造有用构件、器件或物品等的物质。研究材料成分、结构、工艺、性能与用途之间有关知识和应用的学科称为材料科学与工程。材料组织结构是材料科学与工程必不可少的要素，也是决定材料性能与使役行为的主要因素。金相显微技术则是观测与表征材料显微组织必不可少的重要实验技术。

金相显微技术主要包含光学金相显微技术和电子金相显微技术。光学金相显微技术是研究材料微观组织最基本、最常用、最行之有效的技术，是一门实用性很强的技术学科。它是提高材料内在质量的重要手段，在新材料、新工艺、新产品研究开发和产品检验、失效分析、工艺优化等方面应用广泛。一个国家是否强大主要看工业是否强大，而材料又是工业的基石。因此，要提高工业水平，必须掌握显微分析技术，从而为提高产品质量提供理论基础与技术支持。

金相检验实训作为职业教育材料类、机械类等专业的技术基础实训课，旨在培养学生掌握材料科学实验的基本方法，以及掌握试样的制备技能、技巧，加强金相分析的能力。从职业教育的角度出发，本书在注重培养学生基本实训技能的基础上，更注重培养他们的实践操作和应用能力。

本书搭配了大量图片、视频、动画，在形式上新颖活泼，在内容上精练简洁，降低了学生的理论学习难度，从而更适合于职业教育。内容上形成了基础理论、实践操作和实际应用为一体的活页式教材，以满足培养现场工程师“精操作、懂工艺、会管理、善协作、能创新”的要求，为学生从校园走向职场提供保障。本书为活页式教材，以任务驱动的方式引导同学进行学习，以保障学生在学到符合国家标准的职业知识的同时，还能充分调动学生的学习主动性，培养他们“实践能力大于知识理论”的正确职业学习观。

本书由昆明冶金高等专科学校王晓东、张文莉担任主编，昆明冶金高等专科学校刘捷、胡新、保思敏担任副主编。编写分工如下：王晓东编写第 2 章、第 6 章；张文莉编写第 3 章、第 4 章；刘捷、胡新编写第 5 章；保思敏编写第 1 章。全书由王晓东、张文莉整理定稿。

本书在编写过程中，动画制作、视频录制等内容得到了辽宁向日葵教育科技有限公司、舜宇光学科技（集团）有限公司的大力支持，在此表示感谢。同时，也向在本书的编写、出版过程中给予帮助的专家、学者致以诚挚的谢意。

由于编者水平有限，书中难免有不妥之处，恳请广大读者批评指正。

编　者

2023 年 9 月

目　　录

第1章 金 相 学

金相学是研究金属及其合金内部组织和结构的一门科学。这里所说的组织是指构成金属或合金各组成物的直观形貌;所说的结构是指金属或合金中原子排列的特征。影响组织和结构变化的因素甚多,如温度、变形、浇铸情况及化学成分等。金相学与金属学有着密切的联系,可以说其是金属学的一个分支。

1863 年,英国人索比(H. C. Sorby) 发明了金相技术,这是金相学这一学科的奠基性工作。过去,金相学曾被定义为研究金属及合金的成分、组织结构以及它们同性之间关系的科学。随着这一学科研究领域的不断扩大,从 20 世纪 20 年代开始,德国逐渐改用"Metallkunde"(金属学)一词来表征这一学科,在苏联相应的名词为"Метаоведение",在英国、美国等国家相应改为"physical metallurgy"(物理冶金),而金相学一词则成为金属学的一个分支学科名称,常用于指其中以显微组织研究为主的部分。

金相学主要借助光学显微术和电子显微学来观察金属及合金在不同状态下的组织结构以及各种缺陷的特征,如相的尺寸、形貌、分布及取向关系,晶粒、晶粒间界的尺寸、形貌、取向关系、位错、空洞、裂纹、断口等。

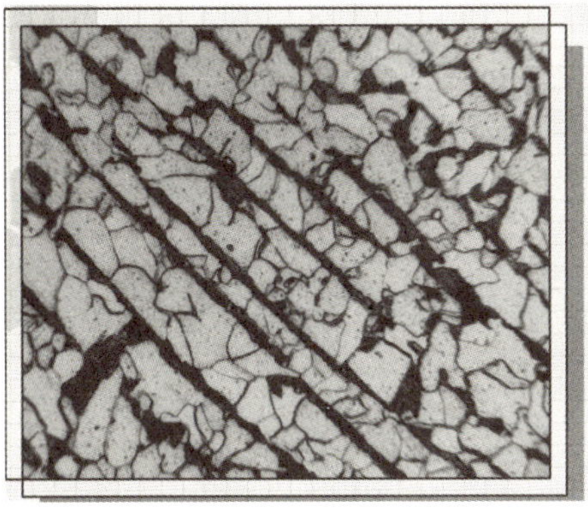

【视频:金相】

1.1 金相学的研究意义

1.1.1 合金钢热处理的研究

合金钢的热处理原理是以合金钢在加热和冷却过程中的相变为依据的,金相技术则是相变研究的重要手段。利用金相法研究不同钢种在不同温度下的等温分解过程,并转变成等温转变曲线,从中引出了临界淬火速度的概念,明确了不同合金元素对淬透性的影响。形状记忆合金也是通过金相分析而发现的。人们对 Cu-Zn 合金做高温金相分析发现,马氏体针随温度的升降长度会缩短或伸长,此类马氏体称为热弹性马氏体,具有形状记忆效应。在冷却时可使它变形,再加热到临界点以上时,又可恢复到原有形状。

1.1.2 控制机械产品的质量

机械产品生产过程中的每一个环节,比如我们锅炉行业,原材料验收、焊接工艺评定、加工工艺控制的质量评定等,都要分别按照不同的标准,通过金相和其他的检验来确定合格与否。

1.1.3 失效分析

机械装备和零件在使用过程中难免会出现变形、断裂、磨损及腐蚀等形式的失效,分析失效原因,并找出预防及补救措施,就是失效分析。失效分析涉及众多学科和技术,需要广泛收集原始资料并运用多种技术手段进行测试分析。其中对于判别失效最重要和最广泛的手段就是金相分析,而某些失效事故往往只需金相分析就可得出结论。

1.2 金相学的研究技术

1.2.1 金相显微镜

金相显微镜是专门用于观察金属和矿物等不透明物体金相组织的显微镜。这些不透明物体无法在普通的透射光显微镜中观察,故金相显微镜和普通显微镜的主要差别在于前者以反射光照明,而后者以透射光照明。在金相显微镜中照明光束从物镜方向射到被观察物体表面,被物面反射后再返回物镜成像。这种反射照明方式也被广泛应用于集成电路硅片的检测工作。

金相显微镜是金相分析的主要仪器。20 世纪初,人们一开始使用的是倒立式金相显微镜,影响其成像质量的主要因素是像差,特别是色差和像域弯曲。但是,该金相显微镜的摄影质量并不好，早期采用延长摄影距离的办法来改进，所以出现了大型的卧式显微镜，如东德的 Neophot 系列。20 世纪 60 年代以后，金相专用的平场宽视域物镜研制成功，无须长距离投影就可以保证摄影质量。目前，金相显微镜采用立式投影，结构紧凑，采用高分辨率的摄像头或更高分辨率的数码相机进行金相照片拍摄，既提高了效率，也降低了成本。

光学显微镜的景深与物镜的数值孔径成反比，随着显微镜放大倍数的加大，景深迅速下降。尤其是用浸蚀法显示组织，试样上的凹陷深度一般为数微米，超出了油浸物镜的景深。20 世纪 80 年代后期推出了“共焦激光扫描显微镜”，利用激光束扫描试样，解决了光学显微镜景深浅的问题，分辨率也有所提高。

1.2.2 制样技术

大多数金相试样需要先经过研磨、抛光、合适的组织显示，才能进行观察和分析。如果使用不正确的制样程序会造成假象，即观察到的图像并不是真正的内部组织状态，而是伪组织。试样在机械研磨、抛光的过程中，表层会发生严重的塑性变形。所以试样制备技术对于金相研究具有重要的意义，也是金相学中最活跃的研究领域。

浸蚀试剂是显示组织的重要手段，至今金属和合金的浸蚀试剂已经有数百种。此外，还有真空沉积、电解阳极、热染、真空阳极及磁浸等浸蚀技术。其中值得重视的是恒电位控制法，它用于电解和抛光不同金属或不同状态金属的同种金属，对显微组织中的析出相、碳化物进行浸蚀或进行选择性浸蚀，比一般的浸蚀方法更有效、可靠，而且具有良好的重现性。国外已经研制了系列化的制样设备，并推荐了适用于不同材料的制样规范，致力于压缩制样步骤、提高制样质量和缩短制样时间。

1.2.3 分析技术

金相组织的判定是金相分析的核心，它包括定性分析和定量分析两方面。在常规的金相检验中，以各种金相检验标准作为判定的依据。我国已经相继发布和修订了包括国标和部标在内的金相标准 100 余种，内容涉及钢铁、非铁材料冶金产品以及汽车、机械、焊接等各种典型零部件的金相检验标准。金相组织的评定正在由定性分析向定量分析发展，并已逐步体现在金相检验标准中。如《钢的晶粒度测定法》(YB 27—1977)对晶粒度的测定方法规定通常采用比较法，《金属平均晶粒度测定法》(GB 6394—1986)等效采用美国 ASTM E112—1981，同时规定了采用比较法、面积法、截点法三种方法。2002 年，相关部门根据 ASTM E112-1996 重新起草发布《金属平均晶粒度测定方法》(GB/T 6394—2002)。由于测量误差正比于测量次数平方根的倒数，所以要提高测量精度，所需测量次数应以二次方律增长，而手工测量难以满足这一要求，于是出现了图像分析仪。利用计算机来完成成百上千次的重复测量和运算，从而为定量金相的应用创造了条件。图像分析仪可以测出面积、周长、直径等参数，把这些基本的参数进行不同组合，可以完成复杂的图像识别功能，再将处理结果进行转换，即可获得最终定量分析结果。

1.3 发展与展望

金相学的诞生已有一个多世纪了,并已成为一门成熟的学科。但是,随着科学技术的发展,金相学也在不断充实新的内容和扩大它的研究领域。

首先,观察手段的改进使金相学发生了明显的变化。光学显微镜虽然有简单方便的优点,但是它的分辨率不高,仅能观察金相组织中几十微米尺度的细节。目前,它的主要发展方向是定量金相学,也就是将光学显微镜配上电子计算机,对显微组织的一些特征进行定量分析。为了获得更高的分辨率以观察更细微的内部结构,透射式电子显微镜在19世纪30年代初被研制成功。经过半个世纪的发展,它的分辨率已接近或达到分辨单个原子的水平。后来,为了观察凹凸不平的大块试样,扫描电子显微镜又应运而生。这些电子光学仪器不但有极高的分辨率,而且能进行微区电子衍射分析,给出有关的晶体结构数据。不仅如此,在配上X射线谱仪及电子能量谱仪后,还能进行小到几纳米范围的化学成分分析。由此可见,这些电子光学分析仪器已经使我们对金属的显微组织结构的研究深入原子的层次,成为现代金相学研究的重要手段。

其次,随着新材料的不断出现,金相学的研究范围也逐渐扩大,并渗透到其他材料领域中,发展成为材料科学。在半导体材料的早期发展中,不少金相工作者参与其中。位错等晶体缺陷的概念即是在金属研究中形成的,现在其不但已经是半导体等晶体材料的一项质量指标,也在地质矿物学中开始受到重视。GP区是合金的固溶体在沉淀过程中生成的溶质原子偏聚区,现在这一名词也已在矿物研究中得到应用。另外,合金强化也已应用到了高分子材料中。

第 2 章　金相试样的制备

金相显微分析是研究材料内部组织的重要方法之一。任何使用光学显微镜揭示金属结构的检验都包括三个步骤：首先是切片，即表面的制备；其次，通过适当的蚀刻工艺处理，在这个制备好的表面上显示出结构；最后，针对表面的实际用显微镜进行检验。这三个步骤构成一个整体，任何一个步骤都不能被忽视。借助光学显微镜观察和研究任何金属内部组织，首先要制备出能用于微观分析的样品——金相显微试样，简称金相试样。本章主要介绍金相试样的制备。

金相试样制备方法有很多而且各不相同，这是由于所研究的材料种类和数目繁多所致。另外，新材料的研制，新配方、专利所有权以及分析测试仪器的发展，导致金相试样的制备方法也难于概括。但一个合格的试样必须具备以下几点：

(1)具有代表性，即所选取的试样能代表所要研究、分析的对象。

(2)浸蚀要合适、组织要真实。

(3)无划痕、无污物。

(4)无变形层、平坦光滑。

(5)夹杂物完整。

制备金相试样是从事材料科学工作的技术人员的基本功之一。

试样制备的流程：取样→镶嵌与夹持→平整与磨光→抛光→浸蚀。

制备过程可参考《金属显微组织检验方法》(GB/T 13298—2015)，还可以参看《金相学术语》(GB/T 30067—2013)。

2.1　金相试样的取样

从被检材料或零部件上切取一定尺寸试样的过程称为取样。选择合适的、有代表性的试样是进行金相显微分析极其重要的一步，包括选择取样部位、检验面及截取方法、试样尺寸等。取样部位的恰当与否，直接影响检验结果准确与否。

2.1.1　取样的一般原则

金相试样取样的部位取决于检验目的和要求，主要有以下几个方面的原则：

(1)按照检验对象取样。如有技术标准或协议规定的，必须按规定取样，否则，得到的金相检验结果不能作为判别的依据。

(2)取样部位具有代表性。即所取的试样能如实反映材料的组织特征或零部件的质量,要根据金相分析的目的来选择取样部位。

(3)对于压力加工材料应同时截取横向与纵向试样。

(4)对经过一系列整体热处理后的机械零件,其内部组织是较均匀的,可以任意截取一截。

(5)对生产过程产生的废品及机械零件的失效分析,一般应在破损处和远离破损处同时取样,以便做比较分析。

(6)做材料的工艺研究时,应视研究目的不同在相应位置取样。

(7)做工艺检验的样品,应包括完整的加工处理和影响区,例如:热处理应包括完整的硬化层;表面处理应包括全部喷涂和渗镀层;铸件应从表面到中心;焊接件应包括焊缝、热影响区和基体。

2.1.2 试样磨面的选择

金相试样取样的部位确定后,还需进一步明确选取哪一个方向、哪一个磨面作为金相试样的磨面。金相试样按照在金属构件或钢材上所取的截面不同,可分为横截面与纵截面。金相检验面的示意图如图 2-1 所示。

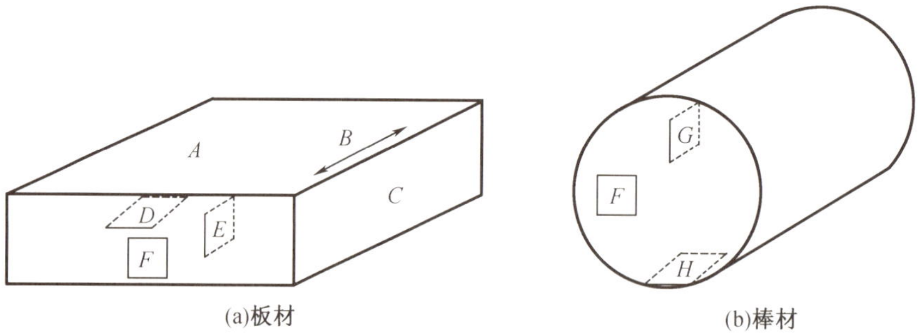

A—锻轧制表面;B—轧制方向;C—轧制侧边;D—平行于轧制表面的纵截面;
E—垂直于轧制表面的纵截面;F—横向截面;G—径向纵截面;H—切向纵截面。

图 2-1 金相检验面的示意图

1. 横向截面

横向截面指垂直于钢材锻、轧方向的面。横向截面(F)主要研究:

(1)从表层到中心的显微组织状态及变化;

(2)晶粒度级别;

(3)网状碳化物评级;

(4)表面缺陷的深度;

(5)氧化层深度;

(6)脱碳层深度;

(7)腐蚀层深度;

(8)表面化学热处理及镀层组织与厚度。

2. 纵向截面

纵向截面指沿着钢材的锻轧方向的面。纵截面(D、E、G、H)主要研究:

(1)钢中非金属夹杂物含量;

(2)变形后的各种组织、晶粒畸变程度、塑性变形程度;

(3)带状组织评级;

(4)热处理的全面情况。

有时为分析测试需要,需要多个截面结合进行观察。如对热轧和冷轧金属组织变形情况研究时,需要对横截面和纵截面共同观察;对线材和小棒材研究时,不仅要观察横截面,还要观察穿过试样轴心的纵截面。

有时为了研究某种组织的立体形貌,需要在一个试样上选取两个互相垂直的磨面;对于裂纹、夹杂物深度的测量,往往也需要在另外的一个垂直磨面上进行。

2.1.3　试样截取的方法

试样截取的方法有很多,截取时应根据材料的性质和要求来决定,常用的方法有以下几种。

(1)电切割:包含电火花切割和线切割,适用于较大金属试样的切割或有一定形状要求时。

(2)气切割(氧-乙炔火焰):适用于较大金属试样的切割。

(3)砂轮切割机切割:使用范围较广,主要用于有一定硬度的材料,如普通钢铁材料及经过热处理后的钢铁材料。

(4)手锯或机锯:适用于低碳钢、普通铸铁及有色金属等硬度较低的材料。

(5)敲击:适用于硬而脆的材料,如白口铁、高锡青铜、球墨铸铁等。

常用的切割方法是使用薄片水冷砂轮切割机进行切割。其砂轮厚度在 1.2~2.0 mm,规格为 ϕ250 mm×1.5 mm。砂轮片是由颗粒状碳化硅(或氧化铝)与树脂、橡胶黏合而成。砂轮片安装在切割机主轴上,以高速旋转(转速通常为 2 800 r/min),常用的砂轮试样切割机如图 2-2 所示。在切割过程中,磨削产生高温,对金相试样不利,会导致金相组织发生变化,因此,需要用冷却液对其强制冷却。冷却液除了起冷却作用外,还能起到润滑作用,并可随时带走磨削产物。常用的冷却液有水、乳化油、火油等。目前还有高分子溶剂,除了可提高冷却效果外,更有利于润滑,还有防锈的作用。

随着生产技术的发展,实验室用金相试样切割机大多采用全封闭罩壳,其特点是安全、噪声低、无污染。

为了适应切割细小试样、易损试样、电镜试样或特硬试样等的精细取样,可采用图 2-3 所示的精密切割机。精密切割机的转速范围很大,通常为 150~5 000 r/min,选取哪一转速取决于被切割材料的品种、切割片的类型和所用的磨料。切割片有两类:一类为橡胶黏结的氧化铝或碳化硅砂轮片,属于磨耗型;另一类由镀铜的钢片制成,金刚石或立方氮化硼磨料黏结在切割片的两侧边缘部分(宽度为 3.2~5.0 mm,厚度为 0.15~0.76 mm),如图 2-4

所示。这种切割片属于非磨耗型切割片,切割表面的变形损伤深度也较磨耗型浅得多。

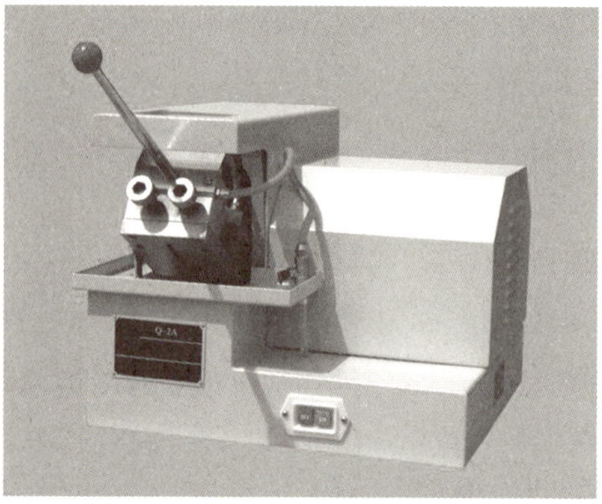

图 2-2　常用的砂轮试样切割机

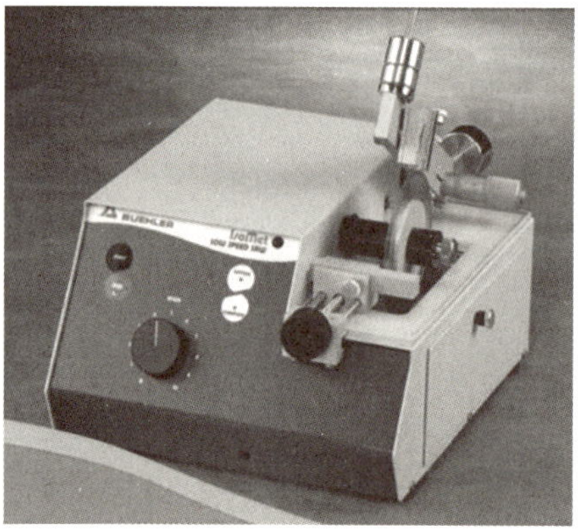

图 2-3　精密切割机

图 2-4　金刚石切割片

2.1.4　试样截取时的注意事项

试样截取时的注意事项如下:

(1)截取试样时应保证材料的组织不发生任何变化。不同材料的软硬程度不同,尤其是较软的材料,若取样不当会造成试样损伤、变形与组织变化。如工业纯铁、有色金属在机械力作用下晶粒会被拉长、压缩、扭曲,奥氏体钢晶粒内部滑移增多,软金属发生塑性变形及孪晶;裂纹因变形而发生扩展,变形后金属组织的再结晶,淬火零件发生回火等现象。因此,在取样时要避免或减少变形和发热。

(2)截取试样时应保证试样尺寸合适。试样尺寸以便于握持、易于磨制为宜。推荐尺寸如图 2-5 所示。如没有特殊要求,一般情况下要对试样进行倒角,以免在以后的制备过程中划破砂纸与抛光布。《金属显微组织检验方法》(GB/T 13298—2015)中推荐试样尺寸以磨面面积小于 400 mm^2,高度尺寸在 15~20 mm(小于横向尺寸)为宜。

(3)截取试样时应注意保护试样的特殊表面。如热处理表面强化层、化学热处理渗层、热喷涂层及镀层、氧化脱碳层、裂纹区以及废品或失效零件上的损坏特征,不允许因截取而受损。

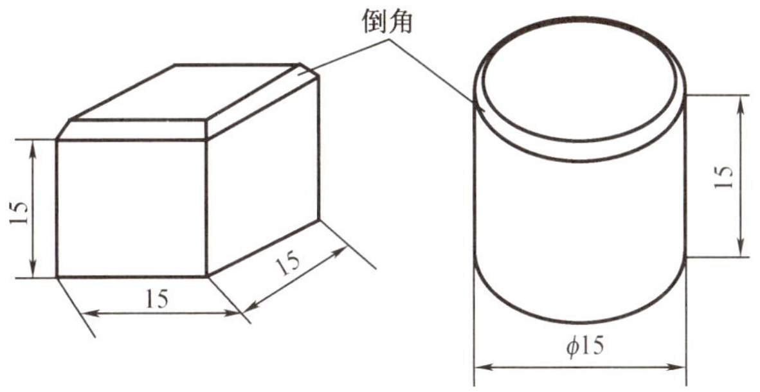

图 2-5　金相试样尺寸(单位:mm)

(4)切面要尽可能光滑、平整;截面的毛刺要尽可能小。

(5)从切割设备中取出试样的时候,要保证不被烫伤。

(6)操作设备时,要注意安全。比如,砂轮切割机的切片不应出现卡死现象,切割的时候应遵循切割面积最小原理。所谓“失之毫厘,谬以千里”,切割取样非常关键。

2.2　金相试样的夹持与镶嵌

当试样尺寸过小(如薄板、丝材、金属丝、碎片、钢皮以及钟表零件等)、不易握持(如形状复杂、多孔、有裂纹等)或要求保护试样边缘(如表面处理的检测、表面缺陷的检验等)时,则要对试样进行夹持或镶嵌。在现代金相实验室中广泛使用半自动化或自动化的磨光机和抛光机,试样的尺寸只有符合规格,才能装入夹持器中,因此也要对试样进行镶样。

2.2.1　试样的夹持

试样一般利用预先制备好的夹具装置进行夹持。制作夹具的材料多选用低碳钢、不锈钢、铜合金等。机械夹具的形状主要根据被夹试样的外形、大小及夹持保护的要求来选定。将试样进行夹持的优点是方便,缺点是在缝隙中易留下水或浸蚀剂,会导致试样表面极易受到污染,造成假象。为保证浸蚀效果,最好将试样从夹具中取出后再浸蚀。常用的夹具有平板夹具、环状夹具和专用夹具。

2.2.2　试样的镶嵌

对体积较小、外形不规则的试样,要对其进行镶嵌(图 2-6)。镶嵌不仅有利于制样,而且可使表面缺陷及边缘得到保护。镶嵌时必须依据下列原则:

(1)不允许影响试样显微组织,如机械变形及加热。

(2)镶嵌介质与被镶嵌试样的硬度、耐磨性要相近,否则会对保护试样边缘不利。

(3)镶嵌介质与被镶嵌试样有相近的耐腐蚀能力,避免在浸蚀时造成一方强烈被腐蚀。

图 2-6　金相试样的镶嵌

试样镶嵌的方法可分为热镶嵌和冷镶嵌两种。

1. 热镶嵌

热镶嵌是指借助镶嵌机把试样和镶嵌料一起放入钢模内加热，冷却后脱模。该方法是最有效和最快捷的方法，也是目前应用最广泛的一种。常用镶嵌设备为 XQ-2B 型金相镶样机（图 2-7）。镶嵌机主要包含加压装置、加热装置和压模三部分。镶嵌时，将准备好的试样磨面向下，放在下模的上面，在套筒中根据试样大小和高低放入适量镶样粉后装上模，固紧顶压螺杆，先转动加压手轮到压力指示灯亮，再加热，设定温度与实测温度均有数字显示，并能自动控温。加热后由于镶嵌粉逐渐软化，压力指示灯会熄灭。此时应增加压力至指示灯亮，稍等几分钟（一般为 8~12 min），停止加热，此时镶嵌完成。去掉压力，转开顶压盖，上升压模，即可取出镶嵌好的试样。

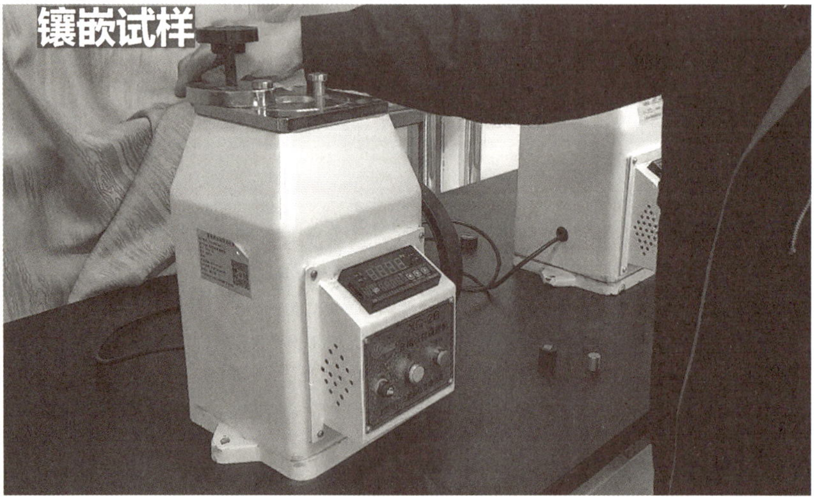

【视频：镶嵌试样】

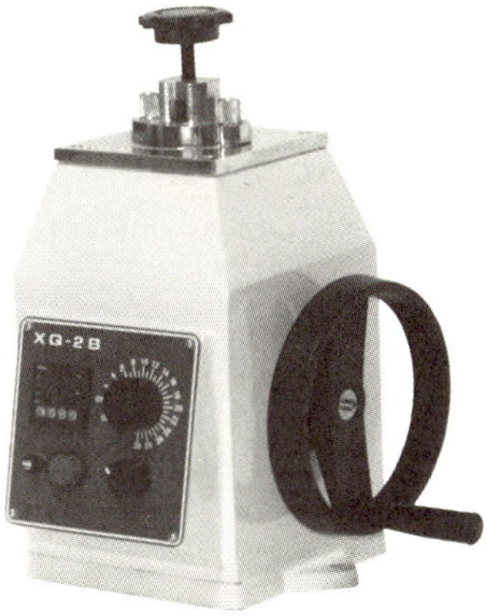

图 2-7　XQ-2B 型金相镶样机

常用的镶料有酚-甲醛树脂、酚-醛树脂、聚氯乙烯和聚苯乙烯，前两种为热固性材料，后两种为热塑性材料，均呈透明或半透明性。在酚-甲醛树脂内加入木粉，即成常用的“电木粉”，它可以被染成不同颜色。另外，还有一种能导电的镶料，镶嵌好的试样能直接进行电解抛光或通过扫描电镜观察。

2. 冷镶嵌

冷镶嵌是指在室温下使镶嵌料固化，一般适用不宜受压的软材料及组织结构对温度变化敏感或熔点较低的材料。其优点是可同时浇注多块试样、工作周期短、试样不发生组织转变、无须设备投资、不产生变形（不加压）、可采用真空镶嵌技术填充孔隙。冷镶嵌时，将金相试样置于模子中，注入冷镶剂中冷凝后脱模。镶嵌介质应当与试样能良好地附着并不产生固化收缩，否则会产生裂纹或缝隙。常用的冷镶剂有环氧树脂、牙托粉等。

还有一种是真空冷镶嵌法。使用冷镶嵌材料加固化剂调制成冷镶嵌料，盛装于小杯中，通过真空泵在真空室内形成负压，开启插入小杯中的胶管夹，小杯中的冷镶嵌料在大气压力下很快被压入真空室冷镶嵌模内，固化剂随之渗入试样的细微孔隙或裂纹中。这种镶嵌方法适用于多孔或是有细裂纹的试样，特别是粉末冶金、金属陶瓷样等。

当试样与镶嵌材料之间的硬度差别较大时，试样经镶嵌后抛磨，试样边缘总要发生倒角现象。因此，要获得没有倒角的平整磨面往往选用机械夹持的方法。如果夹具、填片、装夹等各环节都掌握好，即可得到所要求的试样磨面。为保证试样边缘不倒角，还可以采用电镀镀层的方法，钢铁试样可以镀铜、镀铁、镀铬等。

2.3　金相试样的平整与磨光

2.3.1　试样的平整

用手锯或锤击所得的试样表面很粗糙，切割后的试样由于机械力的作用表层存在较深的变形层，这些试样都需要先用砂轮机进行打磨平整后才能得到一个平整的表面。平整又称粗磨，在粗磨时，由于砂轮机的转速极快，易产生很大的热量，并且接触压力越大，产生的热量越大，变形也越大，故操作时应注意下列问题：

（1）手持试样前后用力均匀，接触压力不可过大，以防过量发热及机械变形。

（2）平整时不断用冷却液冷却试样，以保证试样的组织不因受热而发生变化。

（3）凡不做表面层金相检验的，试样必须倒角，以免在以后的工序中划伤砂纸和抛光织物，甚至划伤手指。

（4）软材料要用锉刀锉平，不能在砂轮机上平整，以免产生较深的粗磨痕与大的变形层。

（5）平整完毕后，必须将手和试样清洗干净，防止粗大沙粒带入下道工序，造成较深的磨痕。

2.3.2 试样的磨光

1. 磨光的目的

磨光又称细磨，细磨的目的是消除粗磨留下的深而粗的磨痕和变形层，也就是使试样表面的变形损伤逐渐减少到零，即达到无损伤，为抛光做好准备。磨光是在某种基底（例如砂纸的纸基）上的磨料颗粒以高应力划过试样表面，以产生磨屑的形式去除材料，在试样表面留下磨痕并形成具有一定深度的变形损伤层。因此，在实际操作过程中，只要使变形损伤减少到不会影响观察到试样的真实组织就可以了。

2. 磨光材料

磨光通常在砂纸上进行，砂纸分为干砂纸（金相砂纸）和水砂纸两种。金相砂纸通常用于手工磨光；水砂纸通常用于机械磨光，即在磨光过程中需要用水、汽油、柴油的润滑冷却剂冷却。无论是金相砂纸还是水砂纸，都是由纸基、黏结剂、磨料组合而成的。磨料主要有SiC、Al_2O_3 等，按照磨料颗粒的粗细尺寸来编号，粗细是按单位面积内磨料的颗粒度来定义的，常用的砂纸编号为：No. 180、No. 280、No. 320、No. 400、No. 500、No. 600、No. 700、No. 800、No. 900、No. 1000、No. 1200、No. 1500、No. 2000 等，号数越大砂纸越细。磨光过程中，应注意砂纸及磨光器材的选用和操作方法，合理选用磨光工艺，尽量将变形层减至最小。

另外，还有一种新型磨光材料，即研磨盘。它一般根据金刚石的粗、细选用。使用酚-醛树脂将金刚石微粉黏结于研磨盘。这种研磨盘具有很强的磨削力，能产生高效且很好的磨光效果，适用于硬质、脆性材料及复合材料的研磨。与普通的碳化硅水砂纸相比，这种研磨盘由于使用了金刚石磨料，材料去除速率大大提高，且能保持较长时间较高的材料去除速率。因此，从制样开始就可以使用粒度较细的磨料，以获得较低的残余损伤。这种新型的金刚石研磨盘价格较贵，但耐用，寿命较长。

2.3.3 试样的磨光方法

试样的磨光可分为手工磨光和机械磨光两类。

1. 手工磨光

手工磨光是将金相砂纸放在玻璃板上，一手按紧砂纸，另一手持试样，使试样和砂纸相接触，并用手给予一定的压力向前推，同时保持压力均衡，使砂纸由粗到细的磨制。图 2-8 所示是手工磨光操作示意图；图 2-9 所示是试样磨面在磨光过程中的变化。

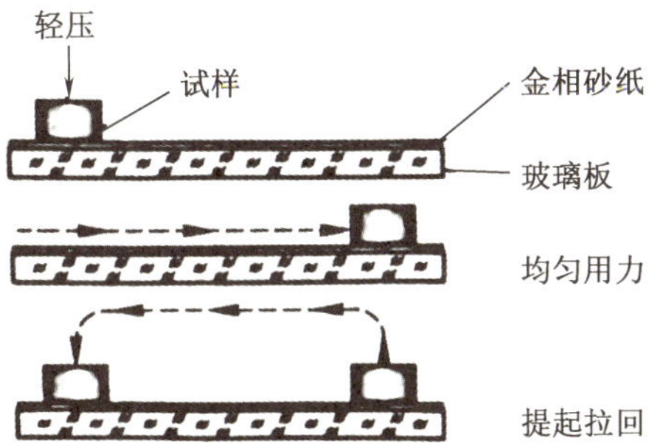

图 2-8　手工磨光操作示意图

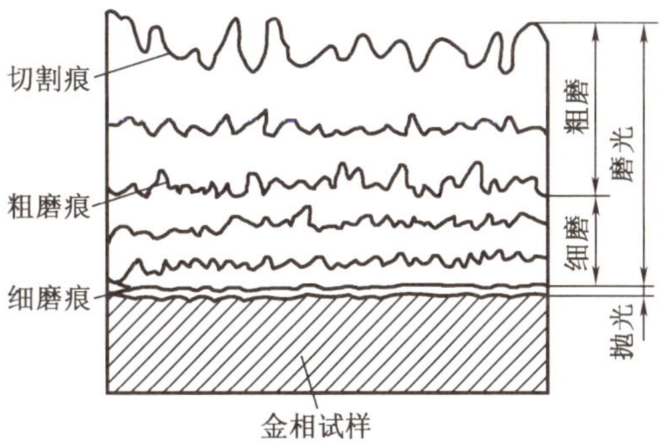

图 2-9　试样磨面在磨光过程中的变化图

磨制时应注意：

(1)进行粗磨后，凡不做表面层金相检验的，棱边应倒成小圆弧，以免在以后工序中将砂纸或抛光织物撕裂，在抛光时还有可能被抛光织物钩住而往外飞出，造成事故。

(2)磨制时用砂纸从粗到细逐次磨，在更换砂纸时，不宜跳号太多(一般钢铁材料用 No. 150(200)、No. 400、No. 600、No. 800、No. 1000 五个编号的砂纸磨光即可)。因为每号砂纸的切削能力是保证在短时内将前一道砂纸的磨痕全部磨掉来分级的，跳号过多，不仅会增加磨削，而且前面砂纸留下来的表面变形层和扰乱层也难以消除，达不到消除划痕的目的。

(3)试样的磨制方向应和上道工序的磨痕垂直，当前磨制的划痕已经将上道砂纸留下的划痕完全覆盖时，再换下一道砂纸。每换一道砂纸，试样转成/转为 90°，使新的磨痕方向与旧磨痕垂直，易于观察磨痕的逐渐消除的情况。当新的磨痕盖过旧的磨痕，而且磨痕是一个方向时，可更换下一号砂纸。

(4)磨制时对试样的压力要均匀适中，压力过小则磨削效率慢，压力过大则会增加磨粒与磨面之间的滚动，产生过深的划痕，不宜消除，而且发热会造成试样表面出现变形层。

(5)试样和手要洗干净，以免将粗砂粒带到下道工序。在磨制软试样时，应加煤油作为润滑剂。

(6)砂纸一旦变钝，磨削作用就会降低，不宜继续使用，否则磨粒与磨面间会增加表面扰乱层。

磨光开始选用什么粒度的砂纸，取决于材料的性质、试样的表面粗糙度等因素，故操作人员应对砂纸的特性有所了解。

【视频：预磨-手磨试样】

2. 机械磨光

机械磨光是用水砂纸在预磨机上进行，磨制时也是从粗到细。机械磨光的优点是效率高，同时由于在磨制过程中有水不断冷却，热量及磨粒不断被带走，不易产生变形层，样品质量容易控制。图 2-10 为常用的转盘式金相预磨机（磨光机），磨光机的转速一般控制在 300~500 r/min 为宜。

【视频：预磨-机磨试样】

图 2-10　转盘式金相预磨机

2.4　金相试样的抛光

抛光的目的在于消除试样磨光后留下的细微磨痕,使试样的抛光面光亮无痕,犹如镜面,同时彻底去除变形层,得到一个适用的金相磨面。理想的抛光面应是平滑光亮、无划痕、无浮雕、无塑性变形层和不脱落的非金属夹杂物。

金相试样最终显示前的品质是由抛光品质决定的。而抛光前试样磨面磨制及产生变形层的情况又直接影响抛光品质。因此,在进行抛光工作以前,必须对磨面进行检查,如果在磨面上有较深的划痕,即使这些深磨痕数量极少,在抛光过程中也难以去除。在这种情况下,应重新对试样磨光,当磨面上只留下单一方向的均匀的细磨痕及较浅的变形层时,才能进行抛光。

抛光的方法按其使用本质分为机械抛光、化学抛光、电解抛光、综合抛光和振动抛光等。

2.4.1　机械抛光

1. 机械磨光、抛光原理

由萨默尔斯等最新提出的磨光、抛光机机制是:在砂纸上磨光,在抛光机上抛光。每颗磨粒均可以看作一把具有一定迎角的单面刨刀,其中迎角大于临界角的磨粒,起切削作用,而迎角小于临界角的磨粒,只能在试样表面压出沟槽。这两者均要挤压周围的金属,使试样表层产生塑性变形,形成试样表面的损伤层,包括外部可见划痕的严重变形层和试样表面下的显著变形层。损伤层的厚度随着磨粒尺寸的增加而加厚,且存在造成显微组织的假象,为确保显微组织的真实性,在后续工序中必须去除损伤层。

2. 机械抛光用设备

机械抛光所用的设备是抛光机,抛光机主要由电动机带动抛光盘构成,结构比较简单。良好的抛光机不允许有径向和轴向的跳动,使用时抛光盘应平稳,噪声小。常用的抛光机有单头抛光机和双头抛光机。图 2-11 所示金相抛光机为单头抛光机。抛光速度一般以

900 r/min 为宜，也可采用可调速的抛光机，以适用于具有不同硬度材料的抛光。

图 2-11　金相抛光机

随着科学技术的发展，抛光机日趋半自动化、自动化，制样的效率、质量不断提高。而自动/半自动抛(光)磨(光)机均由机械抛磨机发展而来。现在已将计算机技术应用到自动抛光机上，使自动抛光机实现程序自动控制，可批量进行金相试样的抛光工作，以减轻制样的劳动强度。

3. 抛光微粉——抛光磨料

抛光磨料应具有高的硬度、强度，其颗粒应均匀，好的磨粒外形尖锐呈多角形，一旦破碎也会增加磨粒的切削刃口。若磨料磨钝后形成圆粒，就会失去磨削能力，只能在抛光盘和试样磨面之间滚动，容易使表面形成有害的扰乱层，甚至会把金属材料中的夹杂物脱出。因此，抛光磨料必须有所选择，一方面是切削性能，另一方面颗粒尺寸必须小于或等于 28 μm，而且要均匀，最大磨粒尺寸不得大于最小磨粒的 3 倍。只有使用符合上述要求的抛光粉，才能使试样磨面经抛光后达到质量要求。

常用的抛光磨料有以下几种。

(1)氧化铬(Cr_2O_3)：呈绿色，具有很高的硬度，用来抛光淬火后的合金钢试样，也可用于铸铁试样。

(2)氧化铝(Al_2O_3)：硬度极高，仅略低于金刚石和碳化硅，天然的氧化铝称为刚玉。现在广泛使用的是人工制得的电熔氧化铝沙粒，人造刚玉的纯度越高越接近无色透明。金相抛光通常采用透明氧化铝微粉，它是较理想的抛光磨料。其规格有 M1～M10，M1 最细，M10 最粗，一般粗抛采用 M7，精抛采用 M3。

(3)氧化镁(MgO)：是一种极细的抛光磨料，很适用于铝、锌等有色金属的抛光，也适用于铸铁及夹杂物检验的试样。氧化镁呈八面体外形，具有一定硬度并有良好的刃口，但很容易潮解，从而丧失磨削力。

(4)金刚石研磨膏：由金刚石粉配以油类润滑剂制成，特点是抛光效率高，抛光后表面质量好。其规格有 W20～W0.5，一般粗抛采用 W7～W5，精抛采用 W2.5～W1.5。

(5)高效金刚石喷雾研磨剂：一种新型高效抛光剂，硬度极高，磨削力极强，制备的样品表面粗糙度低，适用于宝石、玻璃、陶瓷、硬质合金及淬火钢试样的抛光。其规格有 W40～

W0.25。对于钢一般粗抛采用W5,精抛采用W1。

4. 抛光织物

抛光织物在抛光过程中有三个作用。第一,起支撑抛光磨料的作用,磨削作用可阻止磨料因离心作用而飞出去;第二起储藏部分水分和润滑剂的作用,使抛光能顺利进行;第三织物本身能产生摩擦作用,能使试样磨面更加光滑、平整。

抛光织物的种类较多,有棉织物、呢子、丝织物和人造纤维等。一般可依据表面绒毛的长短把抛光织物分成三类:

(1)具有很厚绒毛的织物,如天鹅绒、丝绒等。但由于长的绒毛会使夹杂物与石墨发生拖尾现象或浮雕现象,它们不适合抛光检验夹杂物与铸铁试样。

(2)质地坚硬致密不带绒毛的织物,如绸缎等。使用该类织物时用反面作为抛光面,主要用于抛光夹杂物及观察表面层组织的试样。

(3)介于二者之间,具有较短绒毛的织物,如法兰绒、呢子、帆布等。这类抛光织物耐用,抛光效果较好,速度较快,常用于粗抛。

抛光对织物的要求是:织物纤维柔软、坚固耐磨、不易撕破。抛光织物的选择主要取决于试样材料的性质与检验目的。

5. 抛光操作

制备优秀光洁的金相试样,除需要正确选择抛光织物和微粉以外,还需要正确的抛光方法和熟练的抛光技巧。金相试样抛光工序一般有粗抛和精抛两道。较软的合金试样一般不经粗抛而直接进行精抛,或采用其他抛光技术,以免造成严重的扰乱层。

粗抛的目的是消除细磨留下的划痕,为精抛做准备。粗抛常用帆布、粗呢、法兰绒或粒度较粗的抛光剂。

精抛的目的是消除粗抛留下的划痕,得到光亮平整的磨面。精抛常用丝绒类织物,用细的磨料。

(1)抛光操作要领及注意事项

①试样经截取、磨光后可能有残油或附着一些磨料微粒,因此,抛光前必须进行清洗。超声清洗是最有效和彻底的清洗方法,不仅可以除去表面的污物,而且可以除去缝隙、气孔内的细小污物,通常清洗时间为20~30 s。除此之外,抛光盘、工作台和操作者的手也应保持洁净。

②无论是粗抛还是精抛,抛光时均应握稳试样,磨面应均衡地压在旋转的抛光盘上,用力不宜太重。试样上磨痕方向应与抛光盘转动的方向垂直,并左右或沿径向方向缓慢移动,防止非金属夹杂物的“拖尾”现象。当划痕完全消除后,应立即停止抛光,以减少表层金属变形。

③抛光时应注意抛光液的浓度不宜过高或过低,浓度过高并不会提高抛光速度,浓度太低则会明显降低抛光效率。

④抛光时要控制湿度,要随时补充磨料及适量的水(润滑剂),以弥补水分的逐渐散失。湿度太大,会减弱抛光磨削作用,增加滚动作用,使试样内较硬相呈现浮雕,使非金属夹杂物及铸铁中的石墨拖出。湿度太低,容易使磨面产生过热或黏结抛光剂并降低润滑性,可能拖伤磨面,磨面失去光泽而有斑点,软合金则易抛伤表面,出现麻点、黑斑。实际操作过

程中，避免连续冷却剂的注入，湿度的控制以连续抛光10~15 s为宜，避免样品表面检查时有水汪汪的感觉。检验抛光织物上湿度是否合适的最理想办法是观察试样抛光面上水膜蒸发的时间，当试样离开抛光盘后，抛光面上附着的水膜应在2~5 s内蒸发完毕。

⑤完成抛光程序的试样应及时进行清洗和检查。

(2)清洗

金相试样抛光全部完成后先用水冲洗，再用无水乙醇清洗。

(3)检验

抛光后的试样应进行检验，有低倍检验和显微镜检验两种方法。

①低倍检验

将试样的抛光面置于明亮光线下，目视或用放大镜仔细观察；观察时从不同角度转动试样，更易看清试样上的情况。合格的抛光面应当符合以下要求：

a. 平整、光洁、反射性好；

b. 无污染、斑点、水迹、抛光剂残留物；

c. 无划痕；

d. 无橘皮状皱纹(多为变形层、扰乱层所致)；

e. 无麻点、抛光引起的蚀坑；

f. 需要保护的边缘不能被倒角。

②显微镜检验

对于需要摄影的试样应在放大倍数为100×的显微镜下进行检验，应符合以下要求：

a. 无妨碍金相摄影的划痕；

b. 无组织及夹杂物曳尾现象；

c. 无污点；

d. 无因磨料嵌入而引起的黑点。

在试样制备过程中，表层金属由于受机械力的作用会产生变形扰乱层，影响组织的正确性显示，混淆分析结果。尤其是一些较软材料的试样，如奥氏体钢、铅、锡、锌、铝等，易产生表面变形层，可用抛光-浸蚀交替操作或抛光-化学抛光方法进行消除。

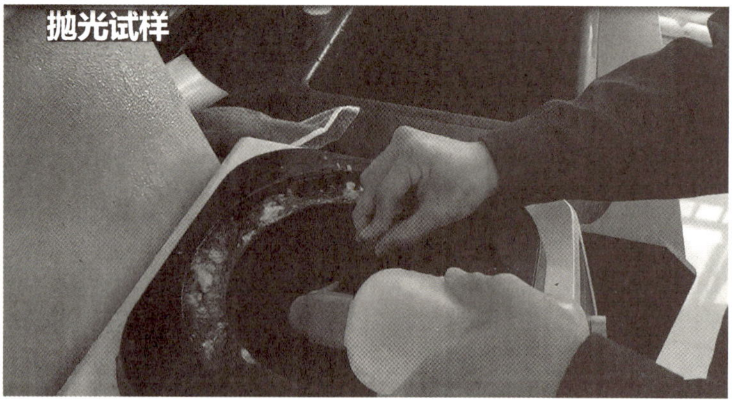

【视频：抛光试样】

2.4.2 化学抛光

化学抛光是通过化学药剂的溶解作用得到抛光的表面。这种方法操作简单,不需要任何仪器设备,只需要选择适当的化学抛光液和掌握最佳的抛光规范,就能快速得到较理想的光洁而无变形层的表面。

1. 基本原理

由于金属试样表面各组成相的电化学电位不同,形成了许多微电池,使试样在化学溶液中产生不均匀溶解。在溶解过程中,由于试样表面凸起部分产生了氧化膜薄,金属的溶解扩散速度比凹陷部分快,因而逐渐变得平整。化学抛光的速度较慢,抛光后的表面虽然光滑,但会形成有小的起伏波纹,不能达到十分理想的抛光效果。在低和中等放大倍数下利用显微镜观察时,这种小的起伏一般在物镜垂直鉴别能力之内,仍能观察到十分清晰的组织。化学抛光时兼有化学浸蚀作用,因此在多数情况下能同时显示组织,抛光结束即可观察组织,不需再做浸蚀显示。

2. 化学抛光液

化学抛光液主要由氧化剂和黏滞剂组成。氧化剂起抛光作用,它们由酸类和过氧化氢组成。常用的酸类有正磷酸、铬酸、硫酸、醋酸、硝酸、氢氟酸等。黏滞剂用于控制溶液中的扩散和对流速度,使化学抛光过程均匀进行。

3. 化学抛光操作与注意事项

(1)试样应经精磨光,最后一道砂纸磨至 No. 800,清洗。

(2)根据试样材料选择化学抛光液配方,配溶液时应用蒸馏水,药品用化学纯试剂。对于某些不易溶于水的药品,如草酸,需要加热到 60 ℃;对于某些药品甚至需要加热到 100 ℃才能溶解。过氧化氢和氢氟酸的腐蚀性都很强,操作时需注意安全。

(3)化学抛光溶液应在烧杯中调配,试样可以用竹或木夹夹住浸入抛光液中,一边搅拌一边观察,适时取出,直至达到抛光要求为止。

(4)化学抛光后,试样应立即清洗、吹干。

(5)化学抛光液经使用一段时间后,溶液内金属离子增多,抛光作用减弱,需经常更换抛光液。

4. 化学抛光的优缺点

优点:操作简单、快速,无须专用仪器。抛光后的试样表面无变形层,可抛光经镶嵌后的试样,也可同时抛光试样的纵横断面。化学抛光兼有化学浸蚀作用,能显示出金相组织。因此,化学抛光后不必再进行浸蚀操作。此外,化学抛光对试样磨面的预先磨光要求不高,一般经 No. 600 ~ No. 800 砂纸磨制后即能进行化学抛光。

缺点:抛光液容易失效,溶液消耗快,试样的棱角易受蚀损,抛光面易出现微小波纹起伏,高倍观察会受到影响。

2.4.3 电解抛光

电解抛光利用电化学溶解作用，使试样达到抛光的目的。电解抛光（也称阳极抛光或电抛光）是把试样作为阳极，另一种经选择的金属作为阴极，将试样放入电解液中，接通直流电源，在一定的电制度下，使试样磨面上凸起处产生选择性溶解，逐渐使磨面变得平整光滑，之后经电解浸蚀显示出试样的组织。

2.4.4 综合抛光

机械抛光、化学抛光以及电解抛光这三种抛光方法，有各自的特点，也都得到了广泛的应用。但由于某些材料的特性，当单独用以上三种方法难以实现抛光时，可选用综合抛光方法（某些材料是必须选用的）。

1. 化学-机械抛光

化学-机械抛光方法可以同步进行也可以交替进行。

（1）化学-机械抛光同步方法

在机械抛光的抛光微分悬浮液中加入有机化学活性试剂，试样抛光面在受到抛光微分磨削作用的同时，也受到化学腐蚀作用，从而使抛光、腐蚀（促进抛光的作用）和润湿同时进行。很多金属材料及其合金（特别是硬质合金）试样制备均适用这种方法。

（2）化学-机械抛光交替方法

这种方法适用于一些易于产生变形层和易于氧化的软金属试样，如铅、锡等。机械抛光按常规方法进行，短时（约几分钟）抛光后，试样用竹夹子夹住，在选定的化学抛光液中晃动10余秒，目的是腐蚀去除表面氧化层和变形层，之后又进行短时机械抛光和化学抛光，如此反复3~4次后，试样表面越来越亮，直至光亮洁净为止。

2. 电解-机械抛光

电解-机械抛光是将电解抛光与机械抛光合为一体的试样抛光方法。抛光盘与塑料圆盆组合，盆中盛适量电解质和抛光微分混合液。将试样接通阳极，抛光盘以点接触擦动方式接通阴极。戴手套持试样如机械抛光方法操作。电制度参考相关手册。常用的电解液有硫代硫酸钠、草酸、苦味酸、过氧化氢等稀溶液。

2.4.5 振动抛光

振动抛光方法已有40多年的历史，该方法能去除细小划痕，适用于各种材料金相试样的抛光，尤其适用于易产生塑性流变的材料抛光操作。振动抛光不仅能够获得没有变形层和扰乱层的优良磨面，而且可用来制备透射电子显微镜用的金属薄膜试样。目前，在表面结构研究方面得到了广泛应用，如用于背散射电子衍射（electron back-scatter diffraction，EBSD）分析样品的制备。

2.5　金相试样制备常见缺陷产生的原因及排除方法

金相试样在制备过程中由于环节多、操作不当等因素经常会出现各种各样的缺陷，从而不能获得合格的金相试样，给微观组织分析观察带来干扰。本节主要介绍金相试样制备过程中常见缺陷产生的原因及排除办法。

2.5.1　试样表层变形层

试样在磨制过程中，表层金属由于受到机械力的作用发生流动，在最顶面形成一层应变流动而呈非晶质状态，而在它的下面还有一层受变形的金属层，称为表面变形层。试样磨光时，表面不可避免地会留下不同程度的变形层和损伤层，变形层的存在影响了组织的正确显示，可混淆分析结果。

对于变形层的危害，美国科学家维立拉（Vilella，1897—1971 年）于 1938 年指出，若试样制备不当，试样表面将出现变形层，导致假象发生。抛光也会产生轻微变形层（特别是对较软的金属，在抛光过程中压力过大、时间过长，变形层会变深），这会使显微组织受到影响或结果不真实，有时也会降低组织衬度。

磨面表层金属变形层，可采用化学浸蚀与机械抛光方法交替进行。试样需要经过多次浸蚀、抛光交替操作，前几次采用深浸蚀，浸蚀后抛光成光亮镜面，再观察变形层去除的程度，至消除为止。一般试样要经过 4~5 次交替抛光操作，尤其是硬度较低的材料，如铜、铝、锌、铅等金属磨制时最容易产生变形层。对于变形层厚度较大的，需要重新磨光，磨光时施加的力要小。

2.5.2　彗星尾

试样上有硬颗粒或孔洞时，在抛光过程中产生逐渐发散、颜色阴暗的线，其外形类似彗星的尾部，称为彗星尾。

消除方法：对于嵌入树脂与试样缝隙之间的磨料颗粒造成的彗星尾现象，消除办法是抛光前进行超声波清洗。对于非金属夹杂或氮化物等硬颗粒沿单一方向研磨造成的彗星尾现象，消除办法是在抛光时不断变换抛光方向，避免单向抛光，这将有利于消除彗星尾的现象；或使用质地较硬的无绒抛光布，降低载荷，在手工制备时避免单研磨。

2.5.3　倒角

试样在较快的摩擦频率下，边缘平整度发生改变，在光学显微镜下无法与内部基体处在同一焦平面，这种现象称为倒角。镶嵌试样时，如果试样与镶嵌材料的硬度不同，在制样过程中很容易发生试样边沿倒角，尤其是当试样硬度高而镶料的硬度低时，制样抛光时间越长就越容易产生倒角。试样与镶嵌材料之间的收缩缝隙在制样过程中也容易产生倒角。

消除方法:避免使用绒毛抛光布抛光,不宜长时间抛光,冷镶树脂最好用环氧树脂(添加一些硬质颗粒以提高硬度,保持平整度)。

2.5.4 嵌入

嵌入是指硬的研磨颗粒被固定在软试样表面的现象。对低熔点合金来说,如铅、锡、铍、镉、锌、铝和贵重金属,该问题很普遍。但难熔金属,如钛,也可观察到同样的现象。小颗粒比大颗粒更容易嵌入。

消除办法:降低抛光载荷、转速和时间。避免使用较细粒度的 SiC 砂纸和细小粒度的金刚石悬浮液(3 μm 金刚石抛光膏要比悬浮液好得多)。

2.5.5 拔出

在制备过程中,第二相微粒被去除(无论第二相微粒比基体是硬还是软)的现象称为拔出。如果第二相微粒与基体之间的界面结合较薄弱或者当第二相微粒很脆时,拔出现象就更严重了。

产生原因:在 SiC 砂纸研磨时间过长。在一张 SiC 砂纸研磨时间不要超过 60 s,抛光时间过长,载荷太大。

消除办法:使用无绒抛光布,降低绒毛抛光布上的载荷;使用合适的润滑剂避免第二相微粒被拔出。

2.5.6 浮雕

当材料组织由软硬程度不同的相组成时,因各相的磨削能力不同,第二相微粒与基体之间具有不同的研磨和抛光速率,导致第二相微粒与基体之间的高度相差太大。软的材料第二相微粒研磨和抛光速率比基体高,所以会低于基体;硬的材料第二相微粒研磨和抛光速率比基体低,所以会高于基体,使得组织呈现浮雕感。

产生原因:使用绒毛抛光布和长时间抛光所致。

消除办法:使用无绒抛光布,缩短抛光时间。

2.5.7 划痕

划痕是与磨削颗粒以特定的方向接触而出现在试样表面的条状线形切口。凹槽因研磨产生,切口的深度和宽度由研磨颗粒的尺寸、研磨颗粒与试样表面的角度、载荷以及其他因素决定。

产生原因:划痕因粗研磨颗粒导致磨抛表面污染。若磨光时因操作不当而产生粗细不同以及方向不同的划痕形貌时,不宜进行抛光操作,此时进行抛光难度很大。

消除办法:试样磨光时每更换一道砂纸,必须将上一道砂纸产生的划痕消除,并保持操作过程的清洁,每换一道砂纸应清洗手、试样和设备,以免将上一道粗砂纸的粗砂粒带到下一道工序。

2.5.8　污染

污染物残渣留在试样表面。抛光时试样在研磨颗粒或润滑剂的交互作用下，污染物残渣可能会在第二相微粒周围聚集。或者由于不恰当的清洁或干燥，以及在制备或腐蚀时试样的溶剂的交互作用下，污染物残渣聚集在基体周围。

消除办法：试样和抛光布至少清洗 6～10 s，之后的清洁就容易多了。另外，用脱脂棉擦拭试样的表面，然后用酒精冲洗并用热风吹干。

2.5.9　麻点

麻点往往发生在碳钢的抛光过程中，因抛光时间过长导致。

消除办法：抛光时用力要轻，尽量缩短抛光时间。

2.6　实　　训

2.6.1　实训内容

磨制并抛光 20 钢、45 钢试样。要求尽可能少的划痕，并抛光至镜面为合格。

2.6.2　实训所需设备及材料

1. 砂轮机、砂纸、抛光机等。
2. 20 钢、45 钢试样。

2.6.3　思考题

1. 磨制和抛光试样的步骤和注意事项有哪些？
2. 金相试样制备常见缺陷产生的原因及排除方法有哪些？

第 3 章　金相显微组织的显示

为了解材料的成分、组织和性能之间的关系，真实准确地表述材料的显微组织是很重要的。金相试样抛光后，获得光滑镜面，在金相显微镜下只能观察到白亮的基体（因光学金相显微镜是利用磨面的反射光成像的）。有些金相试样经抛光后，如钢中非金属夹杂物、铸铁中的石墨、显微裂纹、表面镀层以及复合材料中的陶瓷增强物等组织组成物本身具有独特的反射能力，在金相显微镜下可以利用抛光磨面直接观察并进行金相研究。但大多数金相试样组成相对光线均有强烈的反射能力，在金相显微镜下无法观察到组织。因此，要鉴别金相组织，首先应使试样磨面上各相或其边界的反射光强度或色彩有所区别。这就需要利用物理和化学的方法对抛光磨面进行专门的处理，将试样中各组成相及其边界所具有的不同的物理、化学性质转换为磨面反射光强度和色彩的区别，使试样各组织之间呈现良好的衬度，这就是金相组织的显示。

按金相组织显示的本质，组织的显示方法可以分为化学方法与物理方法两类。化学方法主要是浸蚀方法，包括化学浸蚀、电化学浸蚀及电解浸蚀等。这些都是利用化学试剂的溶液借化学或电化学作用显示金属的组织。物理方法是借金属本身的力学性能、电性能或磁性能显示出显微组织，包含光学法、干涉层法以及高温浮凸法等。有些试样还需要将两者结合才能更好地显示组织，如借助金相显微镜上某些特殊的装置（如暗场、偏光、干涉、相衬以及微差干涉衬度等光学方法），以及特定的照明方式来获得更多、更准确的显微组织信息。

3.1　化学浸蚀法

化学浸蚀法是将抛光好的试样磨面浸入化学试剂中或用化学试剂擦拭试样磨面，使之显示显微组织的一种方法。这里浸蚀剂对试样的作用，可能是简单的化学溶解，也可能是电化学作用，这完全取决于合金中组成相的多少以及组成相的性质。这种方法是应用最早和最广泛的常规显示方法。

3.1.1　化学浸蚀原理

化学浸蚀实际上是一个电化学反应过程。金属与合金中的晶粒与晶粒之间、晶内与晶界以及各相之间的理化性质不同，且具有不同的自由能，当受到浸蚀时，会发生电化学反应，此时浸蚀剂可称为电解质溶液。由于各相在电解质溶液中具有不同的电极电位，形成许多微电池，较低电位部分是微电池的阳极，溶解较快，溶解处呈现凹陷和沟槽，不同位向的晶粒和不同的组织会被腐蚀成高低不平的凸凹和不同的色泽。

1. 纯金属及单相固溶体合金的浸蚀

纯金属或单相固溶体合金的浸蚀是一个单纯的化学溶解过程。浸蚀剂首先把磨面表层很薄的变形层溶解掉，接着就对晶界起化学溶解作用，这是因为在晶界处原子排列不规则，其自由能也较高，晶粒与晶粒之间的结合力相对松弛，所以晶界处较容易浸蚀而呈凹沟（图 3-1）。在显微镜垂直照明下，光线在晶界凹沟处被散射，不能全部进入物镜，因而显示出黑色晶界。例如，工业纯铁退火态经 4%硝酸酒精浸蚀后的组织如图 3-2 所示，铁素体晶界明显可见。若继续浸蚀则会对晶粒产生溶解作用，金属原子的溶解大都是沿原子密排面进行的，又由于磨面上每个晶粒原子排列的位相不同，其溶解的速度也不同，也就是浸蚀后每个晶粒的表面与原磨面各倾斜了一定角度。在垂直照明下，各晶粒的反光方向不一致，就显示出不同的亮度。在晶粒平面处的光线直接反射后进入物镜，呈现白亮色，而晶粒平面倾斜一定角度的晶粒处光线则发生漫散射，晶粒呈现出暗色。这种“深”浸蚀对显示某些合金的组织十分有必要。如黄铜在浸蚀较浅时，很难区分黄铜的晶粒和晶内退火孪晶形貌，只有延长浸蚀时间获得“深”浸蚀后，才能在显微镜下分辨出晶粒及退火孪晶，如图 3-3 所示。

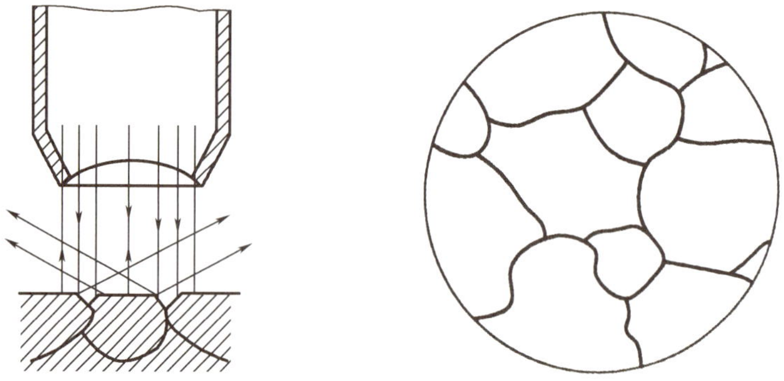

(a)晶界处光线的散射　　(b)直射光反映为亮色晶粒

图 3-1　浸蚀显示原理

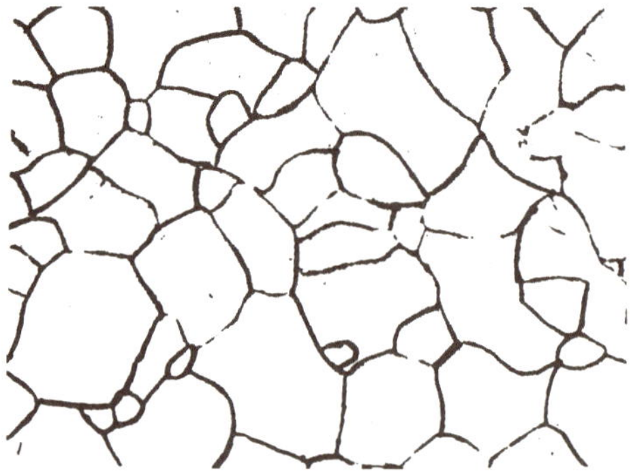

图 3-2　工业纯铁退火组织（100×）

图 3-3　黄铜退火组织（100×）

2. 两相合金的浸蚀

两相合金的浸蚀主要是电化学的溶解过程。由于合金中的两个组成相具有不同的电位，在相同的浸蚀条件下，具有较高正电位的相成为阴极，在正常的电化学作用下不被溶解而成光滑平面，而另一相则很快被溶解，形成凹坑，这就可把两相组织区分开来。如层片状珠光体是由铁素体+渗碳体两相组成，从力学性能来看，铁素体软，而渗碳体硬。它们的电位值也不相同，较硬的渗碳体具有较高的正电位，浸蚀后不易溶解，呈凸起状。而铁素体电极电位较低，容易溶解，形成凹坑，如图 3-4 所示。珠光体经 4%硝酸酒精溶液浸蚀后的微观组织形态如图 3-5 所示。由图可知，在显微镜下放大 1 000×后能够看到渗碳体四周有一圈黑线围着，从而显示出两相的存在。凸起的细条为渗碳体，凹下去的是铁素体，二者的颜色相同，均为白色。对于珠光体组织来说，这样的浸蚀程度被认为是最合适的。这里要强调的是，在浸蚀操作过程中还要考虑组织的放大倍数。以珠光体组织为例，如果要进行高倍观察时，浸蚀就要浅一些。这是由于高倍物镜的焦距短（成像的景深小），浸蚀过深，珠光体中铁素体片层的凹洼过大，使映像变虚并呈灰黑色。而做低倍观察时，可浸蚀深一些，使得珠光体团的位相关系显得更为分明，如图 3-6 所示。

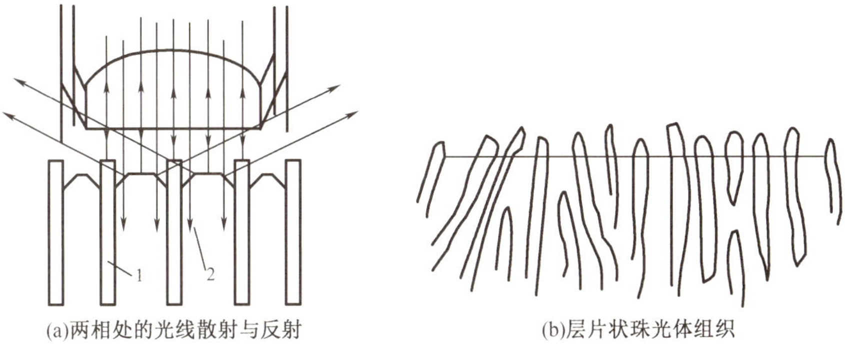

(a)两相处的光线散射与反射　　(b)层片状珠光体组织

1—渗碳体；2—铁素体。

图 3-4　两相组织浸蚀原理示意图

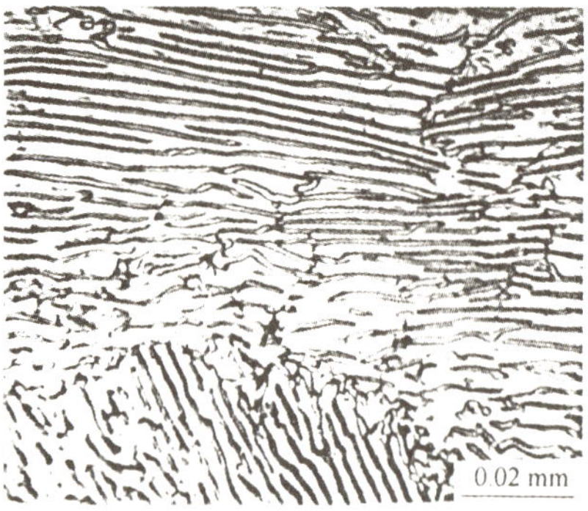

图 3-5　层片状珠光体组织(1 000×)

图 3-6　层片状珠光体组织(500×)

3. 多相合金的浸蚀

多相合金的浸蚀也是电化学的溶解过程,其浸蚀原理和两相合金相同。但多相合金化学元素多,相对复杂,一种腐蚀剂往往不能收效,仅能做选择性的腐蚀,有的相还不能被浸蚀,所以应采用多种腐蚀剂共同腐蚀,逐步显示组织,这里不再详述。

3.1.2　化学浸蚀剂

浸蚀剂是为显示金相组织用的特定的化学试剂,由于金属材料的种类很多,化学浸蚀剂有各种化学试剂,但归结起来有三类:酸类、碱类、盐类,其溶剂有水、酒精、甘油等。

使用化学药品时要特别小心谨慎。几乎所有的化学药品及某些金属,即使浓度很小,往往也会对人体有害。这类有害物质可内由呼吸和消化器官,外由皮肤和眼睛侵入人体。因此,在配制化学浸蚀剂时首先要了解所用化学试剂的特性和注意事项,尤其应注意危险、有毒试剂的使用要求。

一般来说,对化学浸蚀剂的成分要求并不是十分严格的,然而化学试剂混合的顺序、化学试剂的纯度,或由于长期的存放产生的变化,对浸蚀剂的浸蚀效果有很大影响。

1. 钢铁材料常用的浸蚀剂、配制方法及使用

钢铁材料常用的化学浸蚀中酸用得最多,如硝酸酒精溶液、苦味酸酒精溶液,可浸蚀普通碳钢及合金钢。浸蚀主要通过氧化作用,使试样中不同的组织受到不同程度的氧化溶解后反映出衬度,从而达到显示微观组织的目的。在这两类浸蚀剂中,在浸蚀铁素体和渗碳体两相组织时,其浸蚀的效果是不同的。硝酸酒精溶液能显示铁素体晶界,但不能显示金相组织细节部分,而且不太均匀,不能显示碳化物。苦味酸酒精溶液不仅能将组织的细节部分显示均匀,而且能很好地显示和区分金相组织中相的细微部分,如马氏体和碳化物,但腐蚀速度较慢。由于各种材料的化学性质不同,因此需要选择不同成分的浸蚀剂,还应注意浸蚀剂的浓度、温度和浸蚀时间等,才能获得理想的浸蚀效果。

例如,硝酸酒精溶液的成分为硝酸 1~4 mL、酒精 100 mL,一般用于低碳钢和低合金钢各种状态下的组织显示。浸蚀剂中随硝酸含量的增加,浸蚀作用加剧,浸蚀时间从几秒至一分钟。若用蒸馏水代替部分酒精则能延缓浸蚀作用。当硝酸含量增加至 25%~30%时,可清晰地显示出淬火高速钢的晶界和各种类型的碳化物。

钢铁材料常用的化学浸蚀剂的成分、适用范围及使用要点如表 3-1 所示。

表 3-1　显示钢铁材料显微组织常用化学浸蚀剂

序号	浸蚀剂名称	成分	适用范围及使用要点
1	硝酸酒精溶液	硝酸 2~4 mL 酒精 98~96 mL	各种碳钢、铸铁等； 浸蚀速度随溶液浓度增加而加快
2	硝酸酒精溶液	硝酸 25~30 mL 酒精 75~70 mL	显示出淬火高速钢的晶界和各种类型的碳化物
3	苦味酸酒精溶液	苦味酸 4 g 酒精 100 mL	显示珠光体、马氏体、贝氏体； 显示淬火钢中的碳化物； 利用浸蚀后的色彩差别，识别铁素体、马氏体、大块碳化物，尤其是显示碳钢晶界上的二次及三次渗碳体
4	苦味酸水溶液	苦味酸 3 g 洗净剂 3 mL 水 97 mL 加热到 60~70 ℃浸蚀 2 min，水洗，酒精干燥	用以显示 12CrNi3、18CrNiW、20CrMnTi、20Cr2Ni4、45CrNi、38CrMoAl 等钢的实际晶粒度
5	苦味酸水溶液	苦味酸 5 g 十二烷基苯磺酸钠 4 g 过氧化氢少量水 100 mL 先将苦味酸及十二烷基苯磺酸钠放入水中，加热搅拌到溶解。加入微量（约 1 g）的钢片，溶液煮沸 1 min 停止加热。然后边搅拌边加入过氧化氢 5 滴，试剂的使用温度为 80~100 ℃	用以显示淬火钢的实际晶粒度
6	盐酸-苦味酸水溶液	盐酸 5 mL 苦味酸 1 g 水 100 mL	显示淬火或淬火回火后钢的奥氏体晶粒或马氏体；除铁素体晶粒晶界以外，一切组织均能显示，渗碳体最易浸蚀、奥氏体次之、铁素体最慢
7	氯化铁-盐酸水溶液	氯化铁 5 g 盐酸 50 mL 水 100 mL	奥氏体-铁素体不锈钢； 奥氏体不锈钢
8	混合酸甘油溶液	硝酸 10 mL 盐酸 20 mL 甘油 30 mL	奥氏体不锈钢以及奥氏体合金； 高 Cr、Ni 耐热钢

表 3-1(续 1)

序号	浸蚀剂名称	成分	适用范围及使用要点
9	王水酒精溶液	盐酸 10 mL 硝酸 30 mL 酒精 100 mL	18-8 型奥氏体钢的 δ 相
10	三合一浸蚀液	盐酸 10 mL 硝酸 30 mL 甲醇 100 mL	高速钢淬火回火后的晶粒大小
11	硫酸铜盐酸溶液	盐酸 100 mL 硫酸 5 mL 硫酸铜 5 g	高温合金
12	氯化铁溶液	氯化铁 30 g 氯化铜 1 g 氯化锡 0.5 g 盐酸 50 g	铸铁磷的偏析与枝晶组织
13	浓酸的混合酸溶液	1. 盐酸(3 份)硝酸(1 份); 2. 盐酸(2 份)硝酸(1 份)甘油(3 份); 3. 盐酸(2 份)硝酸(1 份)甘油(2 份)过氧化氢(1 份); 4. 硝酸(1 份)氢氟酸(2 份)甘油(2~3 份)	配置好的混合酸溶液最好放置几昼夜后使用; 试剂适用于各种高合金钢、奥氏体合金钢以及各种不锈钢的组织;能清晰地显示各种高硅钢的组织
14	氯化铜-氯化镁-盐酸溶液	氯化铜 1 g 氯化镁 4 g 盐酸 2 mL 酒精 100 mL	灰铸铁共晶团; 淬火钢中,使铁素体变黑、珠光体发亮,使富磷区比铁素体更亮; 使马氏体显露出来,使索氏体和铁素体变黑
15	硫酸铜-盐酸溶液	硫酸铜 4 g 盐酸 20 mL 水 20 mL	灰铸铁共晶团
16	硫酸铜-盐酸溶液	盐酸 50 mL 硫酸铜 5 g 水 50 mL	高温合金
17	盐酸-硫酸-硫酸铜溶液	盐酸 100 mL 硫酸 5 mL 硫酸铜 5 g	高温合金

表 3-1(续 2)

序号	浸蚀剂名称	成分	适用范围及使用要点
18	复合试剂	硝酸 30 mL 盐酸 15 mL 重铬酸钾 5 g 酒精 30 mL 苦味酸 1 g 氯化高铁 3 g	高合金钢
19	三钾试剂	铁氰化钾 10 g 亚铁氰化钾 1 g 氢氧化钾 30 g 水 100 mL	主要显示硼化物相,使 FeB 成为深棕色,Fe_2B 为淡黄褐色

2. 有色金属材料常用的浸蚀剂、配制方法及使用

有色金属浸蚀剂的种类有很多,应根据不同的合金以及组成相的特点,选用不同的浸蚀剂和采用不同的浸蚀方法,以便取得理想的浸蚀效果。有色合金的成分一般都比较复杂,各种组成相的抗蚀能力各有差异,要想将这些不同成分的组成相都浸蚀到清晰可见是比较困难的,所以在一个试样上,往往需要采用不同成分的浸蚀剂和采用不同的显示方法才能满足要求。如对于冷变形黄铜退火后的孪晶生成相,需要用双重浸蚀法,即先用过氧化氢浸蚀,再用氯化铁的盐酸溶液浸蚀,这种生成相才被显示;对于单相黄铜和双相黄铜在高倍下采用过氧化氢和过硫酸铵溶液浸蚀,可以得到更加清晰的金相组织。

在复杂成分的合金中,常遇到各种复杂成分的化合物,有的根据其颜色和形状可以辨认,有的虽在同一试剂的作用下有共同的反应,但在另一种试剂作用下,则反应异常。如显露铝合金的一般显微组织时,大都采用碱和酸的水溶液,用各种酸类、盐类作为试剂。但铝合金中往往有很多化合物相,形态不同的化合物容易区分,而对于具有类似形态的化合物,只能在不同的浸蚀条件下,通过表现色彩的不同来区分。例如,Al_3Fe 在未浸蚀前的颜色呈淡红带紫红色,这种相根据其特点很容易辨认出来。$CuAl_2$ 在铸造合金中往往沿晶界分布,在经过长时间时效处理的合金中,则呈极小的粒状分布,也容易辨认。Mg_2Si 和 AlCuMg 这两种相在未浸蚀的试样上,颜色彼此接近,都呈黑色(Mg_2Si 略带紫色),不易辨认,这就需采用不同的浸蚀剂进行区分,若用 0.5%氢氟酸+99.5%水的溶液浸蚀,此时 AlCuMg 相微浸蚀,长时间浸蚀后变成浅棕色,而 Mg_2Si 相则变为黑色,很容易辨认出来。

总之,对于有色合金组成相的浸蚀,就其试剂与方法来讲是比较复杂的,显示程度也各有差异。在生产实践中,经常采用几种溶液的交替法,或用其他的方法来鉴别。

3.1.3　化学浸蚀方法

化学浸蚀方法简单易掌握。通常使用的浸蚀剂对于普通金属来说,即使在成分、温度、

时间有微小变化时，其结果也常常是可以预测的，并且有再现性。

1. 化学浸蚀法

化学浸蚀法有热浸蚀法和冷浸蚀法两种。

(1)热浸蚀法

热浸蚀法是把选择的浸蚀剂置于烧杯中，加热到预定温度，把试样磨面朝上放入烧杯内，保持预定时间，取出后水冲，再用酒精洗涤后用吹风机吹干即可观察。

(2)冷浸蚀法

冷浸蚀法是指在常温下的浸蚀，也是常用的方法。常用的操作方法有两种：第一种是浸入法，试样用夹子(绝不能用手)夹住，把抛光面朝下浸入浸蚀剂中轻轻搅动，以免表面上产生沉淀物，而形成不均匀的浸蚀。搅动时不要碰器皿底以免划伤试样表面。第二种是擦拭法，用竹钳或不锈钢钳夹一小团沾有浸蚀液的脱脂棉球不断擦拭试样表面，脱脂棉球需要不断补充新鲜试剂，直到得到理想的衬度为止。但擦拭法会使试样表面留下划痕，特别是较软的材料，除非有特殊要求，一般不用擦拭法。擦拭法一般用在有反应产物沉淀或锈蚀等问题的情况下，如钛合金。

2. 浸蚀操作注意事项

(1)浸蚀剂的选择

不同的材料可选择不同的浸蚀剂，同一种材料处理状态相同，采用的浸蚀剂不同，其浸蚀的效果也截然不同。

例如，T12 钢退火处理后的组织形态为层片状珠光体+网状二次渗碳体，用 4%硝酸酒精浸蚀，渗碳体呈白色网状，而用碱性苦味酸钠水溶液热蚀，则网状二次渗碳体呈黑色，分别如图 3-7 所示。所以要根据检验的目的和要求，正确选择浸蚀剂。

(a)4%硝酸酒精浸蚀(500×)　　(b)碱性苦味酸钠水溶液热蚀(500×)

图 3-7　T12 钢不同浸蚀剂的效果

(2)浸蚀温度的控制

浸蚀一般都在室温下进行，有些浸蚀剂需要在特定温度下进行，如利用苦味酸水溶液浸蚀时，要求将浸蚀剂加热到 60~70 ℃，有时甚至加热到沸腾。

(3)浸蚀时间的控制

除了正确选择浸蚀剂和控制浸蚀温度外，还应严格控制浸蚀时间。浸蚀时间受多方面因素的影响，如试样的材质、热处理状态、试剂性质和温度等，主要依浸蚀的效果而定。浸蚀剂的成分不同，浸蚀时间也不同。按检验的目的和所需的放大倍数的不同，所用的浸蚀时间也不同。一般放大倍数越高，浸蚀应越浅，浸蚀时间要短；放大倍数越低，浸蚀应越深，浸蚀时间要长。

（4）浸蚀时的氧化现象

对于易氧化的材料（如碳钢、灰口铸铁、可锻铸铁、球墨铸铁等），浸蚀时一定要注意被浸蚀面不能有水存在，或浸蚀完毕用水冲洗后，要用无水乙醇多冲几遍，以免有残留的水存在，用热风吹干试样时温度不宜过高，这些都会引发氧化现象，试样一旦被氧化，不能正确显示组织形貌，氧化物在显微镜下呈现出五颜六色，必须重新抛光后再浸蚀。

总之，浸蚀是一种化学反应，浸蚀的效果在很大程度上取决于浸蚀剂的正确选择与浸蚀时间的控制。在浸蚀过程中应注意观察试样表面情况，一般以试样的抛光面失去光泽呈灰色为宜，时间从几秒到几十秒，高倍观察可浸蚀浅些，低倍观察可浸蚀深些，以在显微镜下能清晰显现组织为准。如果浸蚀不足，可以重复浸蚀；若浸蚀过深，必须抛光后再加以适当浸蚀，有时甚至要重新磨光和抛光后再浸蚀。试样一旦浸蚀好应当立即停止浸蚀，并用水冲洗，再用酒精冲洗，吹干、观察或保存。浸蚀好的试样，应保持清洁，不能用手抚摸，切忌与其他物件擦碰。为了防止磨面生锈，浸蚀好的试样分析观察后，应尽快放入干燥缸内保存。

【视频：腐蚀试样】

3.2 电解浸蚀法

3.2.1 电解浸蚀的特点及应用

电解浸蚀的原理基于电解抛光理论，电解浸蚀所用的设备与电解抛光相同，只是工作电压和工作电流比电解抛光小。电解浸蚀既可单独进行，也可与电解抛光联合进行，即抛光在前，浸蚀在后。浸蚀原理是材料组织中各个相之间、晶粒与晶界之间的电位不同，在微弱电流的作用下各相、晶粒与晶界的浸蚀深浅不一，从而显示出组织衬度及形貌。电解浸蚀时，因外加电源电位比组织差，形成的微电池的电位高很多，使化学浸蚀时自发产生的氧化还原作用大大降低。这样就使导电不良和不导电的组元，如碳化物、硫化物、氧化物、非金属夹杂物没有明显的溶解，在试样被浸蚀的表面上形成组织浮凸。

电解浸蚀主要用于化学稳定性较高的一些合金，即抗腐蚀性能强、难于用化学浸蚀法浸蚀的材料，如不锈钢、耐热钢、镍基合金、经强烈塑性变形后的金属等。用化学浸蚀很难把这些合金的显微组织清晰显示出来，而用电解浸蚀效果较佳，且设备简单。通常情况的操作是利用电解抛光设备，在电解抛光后随即降低电压进行电解浸蚀。

3.2.2 电解浸蚀的注意事项

电解浸蚀的注意事项如下：

(1)试样应具备良好的抛光面，若用电解抛光，待电解抛光完成后随即降低电压获得所需的电流密度，从而在同一电解液中相继完成抛光和浸蚀。

(2)正确选择电解液成分，使电解时生成的阳极过程产物具有以下特征：溶解度不高，比电阻较高，能在试样表面形成过饱和的黏质层，不同相的浸蚀作用有较大差别。

(3)选择适当的工艺条件，主要指电解浸蚀时的电参数、浸蚀时间、电解温度以及电解液是否搅拌等。

(4)电解浸蚀结束后，应及时清洗试样表面，以防止介质继续浸蚀。

3.3 光　学　法

光学法是把金相试样在反射光中肉眼无法分辨的光学信息，如偏振状态和相位差异转换成可见衬度的方法。换言之，利用光学手段显示组织衬度的方法就是光学法。光学法主要利用金相显微镜上某些特殊的装置(如暗场、偏光、干涉、相衬以及微差干涉衬度等)实现组织显示，依据试样中各组织组成物光学性质的区别将光学程差变为衬度差。由于试样无须人为浸蚀或覆膜，从而避免了在这些过程中可能引入的假象。因此，在具有相应金相显微镜附件的条件下应优先使用这一方法。

光学法既可以显示未浸蚀试样的组织也可以显示浸蚀后试样的组织。

1. 未浸蚀试样的研究

若试样中所研究的组成相与基体对入射光的反射能力有显著差异，就可以直接在明场下观察抛光面，这是最简单的光学法。例如，铸铁中的石墨、铸造铝硅合金中的初晶硅和共晶体中的硅，均能在抛光磨面上直接观察到它们的形貌及分布状态。图 3-8 为铸造铝硅合金（α+Si））共晶组织抛光态，α 基体上分布着 Si 针（呈灰色），图 3-9 为球墨铸铁抛光态（石墨球灰色），这是由于非金属元素组成的相，对光线的发射能力明显低于金属所致。金属的氧化物、硫化物及氮化物等，也具有非金属的光学特性，统称为非金属夹杂物。它们不仅反射光强度不同，往往还具有特殊的色彩或有透明与不透明之别，这些都将成为鉴别金属夹杂物的重要依据。另外，显微裂纹和疏松等缺陷也可直接观察。还有一些金属元素的吸光能力较强，不经其他显示手段也可清晰可见，如铅黄铜和铅青铜中铅的分布等。因此，经抛光后的试样首先应该在未浸蚀状态下用显微镜进行研究。

图 3-8 （α+Si）共晶组织（抛光态）（100×）

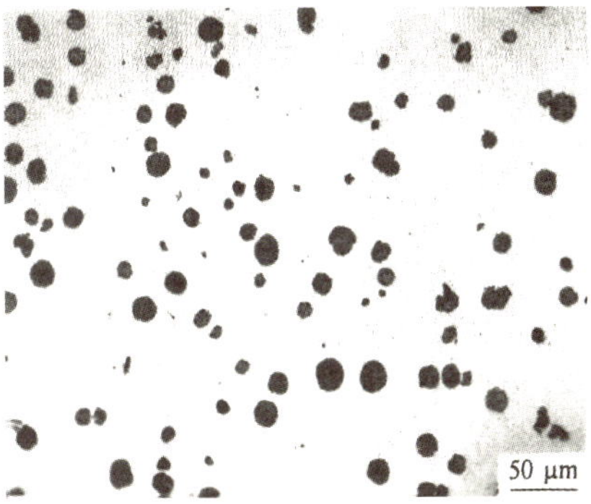

图 3-9 球墨铸铁（抛光态）（100×）

2. 浸蚀试样的研究

利用显微镜上的特殊附件，如暗场、偏光、相衬、干涉、微差干涉衬度等可以显示不经过其他显示处理或仅做轻微浸蚀的试样。为了更好地显示材料的组织细节，将试样进行微浸蚀后再借助金相显微镜上特殊的装置方式将获得更多更准确的显微组织信息。

3.4 干涉层法

干涉层法是显示组织的另外一条途径，就是在抛光磨面上形成一层透明薄膜，当光在磨面上发生干涉时，试样内各相间光学参数的区别、薄膜厚度的区别等均使各相上的干涉色发生变化，从而显示出试样的组织。

成膜方法有化学热染法、阳极化覆膜、恒电位阳极化及阳极沉积、热染、真空镀膜和离子溅射成膜等。成膜后，再利用金相显微镜上附带的特殊附件，如暗场、偏振光、偏振光加灵敏色镜以及微差干涉衬度(DIC)等装置,组织显示效果更好。

化学染色、着色浸蚀和热染显示均是为获得组织显示的彩色效果以明显区别出相、组织的特征。经化学染色、着色浸蚀和热染后,即使在显微镜明场下观察也可获得彩色效果。

3.5 高温浮凸法

高温浮凸法是利用抛光试样在加热或冷却过程中相变的体积效应,使试样表面形成与组织变化相对应的浮凸,从而显示出组织的一种方法。在高温显微镜下它可动态地显示相变过程。

高温金相组织的显示常用两种途径:一种是试样在真空中高温保温时沿晶粒边界产生选择性蒸发,从而出现凹沟,这属于热蚀法。另一种是试样在真空中加热,由于温度的影响,当各个相或晶粒的热胀系数相差很大时会出现浮凸,有时由于相邻晶粒在膨胀时的各向异性,造成很大应力,引起滑移及滑移带间的浮凸。

某些材料会发生马氏体相变,在升到一定温度后快速冷却时,因体积效应而造成浮凸。这些浮凸产生后,在偏振光以及微差干涉衬度等装置照明下,因高低差投影和不同位向晶体的不同光学特性都能清晰地反映出组织形貌特征。

3.6 金相试样的质量鉴别与保存

金相试样的质量鉴别通常使用宏观法与微观法相结合,要点如下:

(1)试样磨面要求平整、无划痕、无污物。

(2)对于脆性易剥落的夹杂物,不应出现曳尾现象。

(3)对于软硬不均的试样,不应出现浮雕现象。

(4)浸蚀要均匀,没有锈斑。

(5)组织真实,不应有假象产生。

已经制备好的试样应保存好,主要防止生锈和机械损伤。一般将试样放在装有干燥硅胶的干燥缸内,并在缸盖上涂凡士林密封,在缸内铺绒布。目前,也有用电子干燥箱的。

3.7 实　　训

3.7.1 实训内容

磨制、抛光、浸蚀 20 钢、45 钢和 T12 钢试样，并观察组织。

3.7.2 实训所需设备及材料

1. 金相显微镜、砂轮机、砂纸、抛光机等。

2. 20 号钢、45 号钢和 T12 钢退火后的试样，吹风机、竹夹子、脱脂棉、滴瓶、玻璃皿、浸蚀剂等。

3.7.3 思考题

1. 各种钢的浸蚀时间如何控制？

2. 浸蚀时间与组织清晰度是何种关系？

3. 描述三种钢材试样的组织特征。

第 4 章　光学金相显微镜

光学金相显微镜是观察分析材料微观组织最常用、最重要的工具。它是基于光线在均匀介质中作直线传播,并在两种不同介质的分界面上发生折射或反射等现象构成的。根据材料表面不同组织组成物的光射特性,金相显微镜在可见光范围内对这些组织组成物进行光学研究并进行定性和定量描述,它可显示 0.2~500 μm 尺度的微观组织特征。

【PPT:金相显微镜】

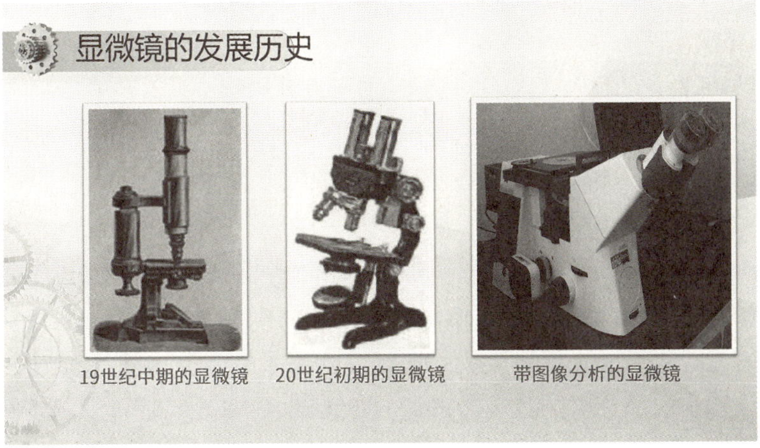

【PPT 视频:显微镜的发展历史】

4.1　光学的基本原理

4.1.1　光的定义及特性

通常的光是指人眼可见部分的电磁波,称之为光波,光波具有波动性和粒子性。在自然界中,凡能发光的物体称为发光体,又称光源。光源可分为天然光源和人造光源,金相显微镜采用的是人造光源。

具有一定频率的光称为单色光,具有各种频率的复合光称为复色光(如太阳光)。

4.1.2 几何光学基本定律

按照光的特性和传播方式，光学可分为几何光学与物理光学。光学金相显微镜中应用几何光学较多。从简单的棱镜、透镜到万能（多用）大型金相显微镜都是依据几何光学定律来设计的。

4.1.3 光学基本元件及应用

在光学仪器的成像系统中，除了实现显微放大的作用外，为了结构设计简单以及工作方便，常常需要改变光束的方向和行程，这需要利用反射、折射和全反射原理设计的各类光学元件来实现。

1. 反射镜

反射镜是金相显微镜光学元件之一，其作用是改变光的方向。反射镜有平面反射镜、球面反射镜和非球面反射镜等。按光的透射程度又可分为全反射镜和半透反射镜两种。金相显微镜中光源聚光镜的曲面反射、光线转向的平面反射及球面反射都是利用光的反射定律而设计的光学元件。

反射定律与可见光的波长无关，故根据反射所设计的物镜没有色差等缺陷。

2. 棱镜

棱镜可分为折射棱镜和全反射棱镜两种，在金相显微镜中主要用来改变光路。

3. 透镜

折射面是球面，或者一面是球面另一面是平面的透明体，称为透镜，透镜是金相显微镜中物镜和目镜的主要组成元件。它的作用是使光线会聚或发散。透镜的光学中心称为光心，通过光心的光线称为光轴。透镜按其形状可分为双凸透镜、平凸透镜、弯月形透镜、双凹透镜、平凹透镜和凹凸透镜。其中凸透镜为正透镜，可使光线会聚；凹透镜称为负透镜，可使光线发散。

4.2 光学金相显微镜的成像原理

金相显微镜是利用光线的反射原理，将不透明的物体放大后进行观察的。通常金相显微镜由两个透镜组成，是经过两次成像的光学仪器。将物体进行第一次放大的透镜称为物镜，将物镜所成的像再经过第二次放大的透镜称为目镜。金相显微镜的基本成像原理图如图 4-1 所示。

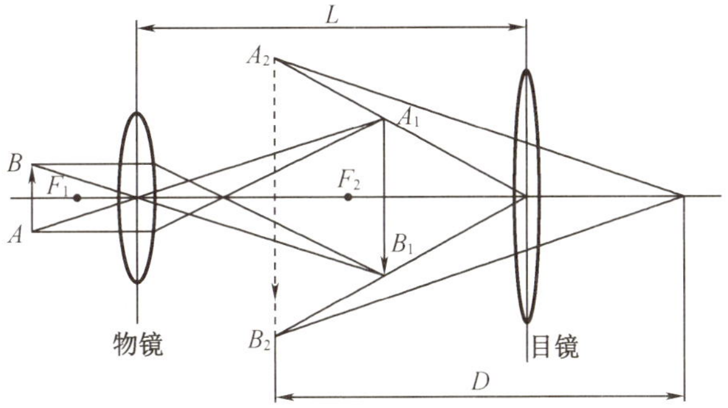

图 4-1　金相显微镜的基本成像原理图

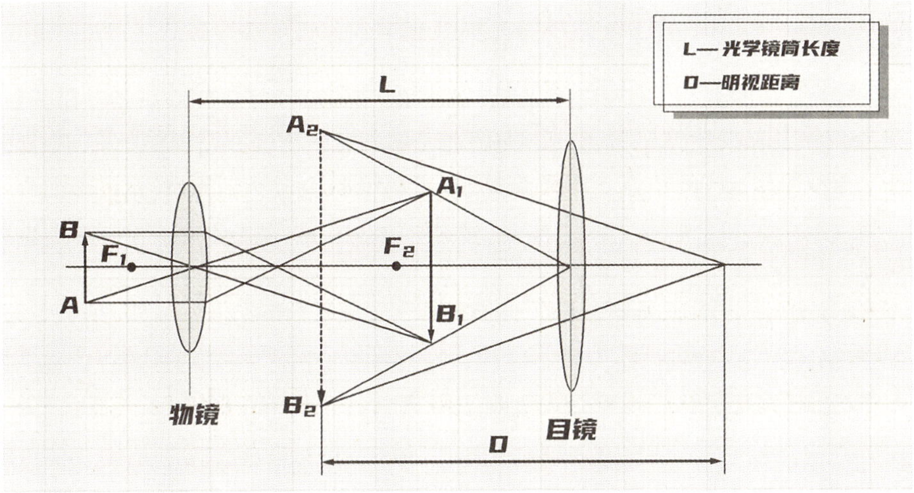

【动画：金相显微镜的基本成像原理】

4.3　显微镜的光学技术参数

用显微镜观察时，人们总是希望能看到清晰而明亮的理想图像，这就需要显微镜的各项光学技术参数达到一定的标准，并且要求在使用时，必须根据观察的目的和实际情况来协调各参数的关系。只有这样，才能充分发挥显微镜应有的性能，得到满意的镜检效果。

显微镜的光学技术参数包括数值孔径、分辨率、放大倍率、焦深、工作距离、视场直径、镜像亮度和视场亮度等。这些参数并不都是越高越好，它们之间是相互联系又相互制约的。每个参数都有它本身一定的合理界限，在使用时，应根据镜检的目的和实际情况来协调各参数之间的关系，但应以保证分辨率为基础。

4.3.1　数值孔径

数值孔径（nomerical aperture，NA）是物镜孔径角半数的正弦值与物镜和样品之间介质的折射率之积。它是物镜和聚光镜的主要技术参数，是判断二者（尤其对物镜而言）性能高低的重要标志。其数值的大小,分别标刻在物镜和聚光镜的外壳上。

4.3.2 分辨率

分辨率(resolution)又称鉴别率、解像力或分辨本领,是衡量显微镜性能的又一个重要技术参数。物镜的分辨率是指物镜能区分两个物点间的最小距离,用 σ 表示。

$$\sigma=\frac{0.61\lambda}{\mathrm{NA}}$$

式中,λ 为所用光的波长。

可见,波长愈短,分辨率愈高。数值孔径愈大,分辨率愈高。对于一定波长的入射光,物镜的分辨率完全取决于物镜的数值孔径,数值孔径越大,分辨率就越高。

提高分辨率的途径:

(1)降低波长 λ 值,使用短波光作光源。在使用可见光(如卤素灯或钨丝灯)作灯源时,可加蓝色滤光片以吸收长波的红、橙光,使波长接近平均波长,以利镜检观察。紫外光显微镜是利用波长 0.275 μm 的单色光作光源,从而使 σ 值减小为 0.22 μm,分辨率高于可见光的两倍。电子显微镜是利用电子束作光源,电子束也具有波动性,它的波长更短,其 σ 值为几十个纳米。

(2)增大介质的 n 值(n 为物镜与观察物介质之间的折射率)和提高 NA 值,有效地降低 σ 值,从而提高分辨率。

(3)增大孔径角。但孔径半角最大也难达到 90°,并且物镜在制造后,孔径角已经限定,因此,此项措施难以在观察时利用。

(4)增加明暗反差。观察时恰当地增加图像的明暗对比,也是提高清晰度的一项措施。

4.3.3 放大倍率

放大倍率(magnification)就是放大倍数,是指被观察物体经物镜放大再经目镜放大后,人眼所看到的最终图像的大小相对原物体大小的比值,它是物镜和目镜放大倍数的乘积。物镜和目镜的放大倍数均标刻在其外壳上。

4.3.4 焦深

焦深(depth of focus)又称垂直鉴别率或景深,是指物镜对高低不平的物体能清晰分辨的能力,它与物镜的数值孔径成反比,物镜的数值孔径越大,其焦深越小。在物镜的数值孔径特别大的情况下,显微镜可以有很好的分辨率,但焦深很小。对于金相显微镜来说,在高倍放大时,其焦深很小,几乎是一个平面。这也是把金相试样制备成平坦表面的缘故,当显微镜用于高倍观察时,由于焦深小,只有在金相试样表面高低差较小时,才能清晰成像。因此,高倍观察所用的试样应浅浸蚀。

4.3.5 工作距离与视场直径

工作距离(working distance)是指被观察样品表面到物镜前表面的距离。物镜的放大倍率越高，工作距离越短。在高倍放大时，物镜的工作距离相当短，因此，观察调焦距时需要格外细心，一般应使物镜离开实物方可运行。

视场直径（field diameter）也称视场宽度或视场范围，是指显微镜中所看到的试样表面区域的大小。标准筒长下视场直径的计算方法，是用目镜的视场数（field number，FN）除以所使用物镜的放大倍率。

$$\Phi=\frac{\mathrm{FN}}{M_0}$$

式中　Φ——视场直径；

FN——视场数；

M_0——物镜的放大倍率。

可见，视场直径与物镜的放大率成反比，与视场数成正比。

视场数，是各制造厂家设计光学系统时确定的，视场数越大，制造难度越大。各公司产品的视场数标刻在目镜的镜筒外侧或端面上。不同厂家制作的目镜和不同类型的目镜视场数不同，倍率越高的目镜，视场数越小。

4.3.6　镜像亮度与视场亮度

镜像亮度（image brightness）是显微镜的图像亮度的简称，指在显微镜下所观察到的图像的明暗程度。观察时对镜像亮度的要求，一般是使眼睛既不感到暗淡，又不耀眼，也就是使眼睛不感到疲劳为好。

镜像亮度与物镜数值孔径的平方成正比，与总放大率的平方成反比。因此，镜像亮度对于在高倍镜下观察和显微照相及投影时尤为重要，如果没有足够的镜像亮度，显微照相要延长曝光时间，显微投影屏上的图像也会因此暗淡，而影响观察。

镜像亮度与视场亮度（field brightness）是两个不同的概念，如前所述，镜像亮度是指显微镜下图像的明暗程度，而视场亮度则是指显微镜下整个视场的明暗程度。视场亮度不仅与目镜、物镜有关，还直接受聚光镜、光阑和光源等因素的影响。因此，在不更换物镜和目镜的情况下，视场亮度大，镜像亮度也大。在观察和显微照相时，更重要的镜像亮度，当其亮度适中时，才能得到满意的图像。

4.4　显微镜的主要光学部件

显微镜的光学部件包括物镜、目镜、聚光镜及照明装置几个部分，这里主要介绍物镜和目镜。

4.4.1　物镜

物镜（objective lens）是显微镜中的光学部件，利用光线使被检物体第一次成像，包括消色差物镜、复消色差物镜、半复消色差物镜、平面消色差物镜等。它是显微镜最重要的光学部件，对物体起第一步的放大作用，因而直接影响着成像的质量和各项光学技术参数，是衡量一台显微镜质量的第一技术参数。

物镜的结构复杂，制作精密，由于对像差的校正，在金属的物镜筒内由相隔一定距离并被固定的透镜组组合而成。每组透镜又由不同材料、不同参数的一系列透镜胶合在一起。物镜最前面的透镜称前透镜，最后面的透镜称后透镜。物镜复合透镜组的总焦距为物镜的焦距。物镜前透镜与被检物体之间的距离为工作距离(自由工作距离)。

在物镜上都刻有不同的标记，表示物镜类型、放大倍数、数值孔径、镜筒长度、浸油记号、盖玻璃片等信息。

国产物镜用物镜类别的汉语拼音字头标注，如平面消色差物镜标以"PL"。西欧各国产物镜多标有物镜类别的英文名称或字头，如平面消色差物镜标以"Planarchro-matic"或"PL"，消色差物镜标以"Achromatic"，复消色差物镜标以"Apochromatic"。

图 4-2 为部分显微镜的物镜及标识，其中 M 表示金相显微镜，以区分生物显微镜，Plan 表示平场物镜，物镜上的标识环的颜色是用来区分放大倍数的，5×红色、10×黄色、20×绿色、40×和 50×蓝色、100×白色。B 表示明场物镜、BD 表示明暗场物镜、BDP 表示明暗场与偏光、U 表示万能物镜、PH 表示相差或霍夫曼物镜、LCD 表示红/紫外物镜并带光阑调整物镜带校正帽物镜、DIC 表示微差干涉衬度物镜、WD 表示工作距离、FL 表示半复消色差。有些显微镜物镜中标有 LMPlan，L 表示长工作距离。

图 4-2　部分显微镜的物镜及标识

4.4.2　目镜

目镜(eyepiece)用于放大物体并形成图像的镜头系统。其在显微镜中的主要作用是将物镜放大的实像再次放大，在明视距离处形成一个清晰的虚像，显微摄影时，在底片上投射得到一实像。

目镜的结构较物镜简单，一般由 2~5 片透镜分两组或三组构成。上端的一块(组)透镜称为接目镜，下端的透镜称为场镜。在目镜筒内，目镜的物方焦点平面处装置有一金属的光阑，称为视场光阑，它的作用是限定有效视场的范围，而舍弃四周的模糊像。物镜放大后的中间像就落在视场光阑平面处，所以目镜中的指示标志，目镜测微尺分划板均在这个位置上。

1. 目镜的类型与用途

根据 GB/T 9246-2008 规定，目镜的种类有以下几种：

(1)按视场数可分为：普通目镜(common eyepiece)、广视场目镜(wide field eyepiece)和超广视场目镜(ultra widefield eyepiece)。

以 10×目镜为例，普通目镜视场直径<18 mm，视场直径在 18~22 mm 为广视场目镜，视场直径≥23 mm 为超广视场目镜。

(2)按视场像差校正状态分为：普通目镜和平场目镜(flat field eyepiece)。

平场目镜比普通目镜增加了一块负透镜，故能校正场曲的缺陷，而使视场平坦。它与相同倍率的普通目镜相比，具有视场大而平的优点。在目镜的外侧或端面常标刻“PL”的字样。

(3)按出瞳距离可分为：高眼点目镜和一般目镜。

高眼点目镜用于不需要摘掉眼镜直接观察的目镜。

(4)测微目镜(micrometer eyepiece)。

测微目镜是在焦平面上具有固定测度的目镜，主要用于金相组织与渗层深度的测量或显微压坑长度的测量。根据测量目的可将刻度设计为直线、十字交叉线、方格网、同心圆或其他几何形状，如图 4-3 所示。

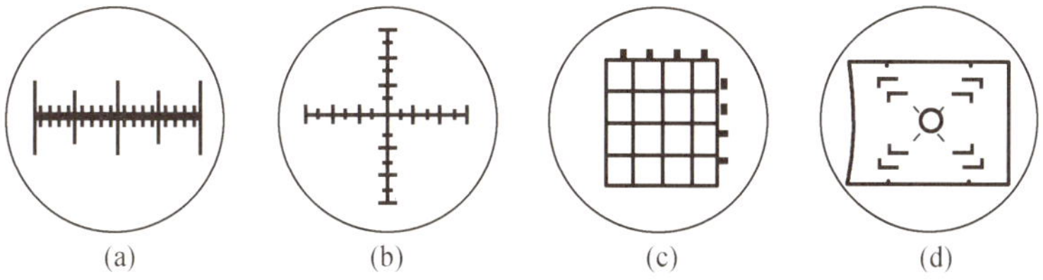

图 4-3　测微目镜刻度的设计

使用测微目镜进行测量时，必须首先借助显微标定尺对该目镜在待测放大倍数下进行标定。显微标定尺上有一个长度为 1 mm 的横线，并将 1 mm 均匀地分为 100 格，每格为 0.01 mm。其标定的方法为将显微标定尺置于载物台上，并在显微镜中成像，然后在待测定的放大倍数下，将标尺与测微目镜中的刻度进行比对，即

$$\theta=(\text{视野中显微标定尺的刻度数}/\text{目镜中的刻度数})\times 0.01\ \text{mm/格}$$

在待测倍数下，目镜中的每一格代表的实际长度为 θ。

2. 目镜的标记

目镜上一般刻有目镜类型、放大倍数和视场大小。例如目镜标记为 PL10×/25，表示平场目镜，放大倍率为 10×，视野大小为 25 mm。

4.5 光学金相显微镜的构造、类型与使用

4.5.1 光学金相显微镜的类型

金相显微镜可按以下两种形式进行分类：

1. 按光路分

按照光路和被观察试样的抛光面的取向不同有正置式和倒置式两种基本类型。正置式显微镜的物镜朝下，倒置式显微镜的物镜朝上。

2. 按功能与用途分

(1) 初级型：具有明场观察，结构简单、体积小、重量轻。

(2) 中级型：具有明场、暗场、偏光观察和摄影功能。

(3) 高级型：具有明场、暗场、偏光、相衬、微差干涉衬度、干涉、荧光、宏观摄影与高倍摄影、投影、显微硬度、高温分析台、数码摄影与计算机图像处理等功能。

4.5.2 光学金相显微镜的构造

无论是哪一种显微镜其结构都可归结为照明系统、光路系统、机械系统和摄影系统。

1. 照明系统

照明系统是辅助光源，需要根据不同的研究目的调整、改变采光方式，并完成光线行程的转换。该系统主要包含光源、照明方式等。

(1) 光源

金相显微镜的光源装置依显微镜类型不同而有所区别。金相显微镜一般采用人造光源，并借助棱镜或其他反射方法使光线投在金相磨面上，靠试样的反光能力，部分光线被反射而进入物镜，经放大成像最终被我们观察到。对显微镜中光源要求光的强度不仅大而且要均匀，分光特性合适，并在一定范围内可任意调节，发热程度不宜过高，光源要稳定，经济性好。

现代的显微镜一般都配有控制度很高的集成式光源，显微镜的光源一般采用安装在反射灯室内的卤素灯，目前常用的有 30 W、50 W 照明功率，高级型多采用 100 W 的照明功率。

(2) 照明方式

金相显微镜照明方式有临界照明与科勒照明两种。目前，新型显微镜都已采用科勒照明。

2. 光路系统

倒置式金相显微镜的光路和外形分别如图 4-4 和图 4-5 所示。

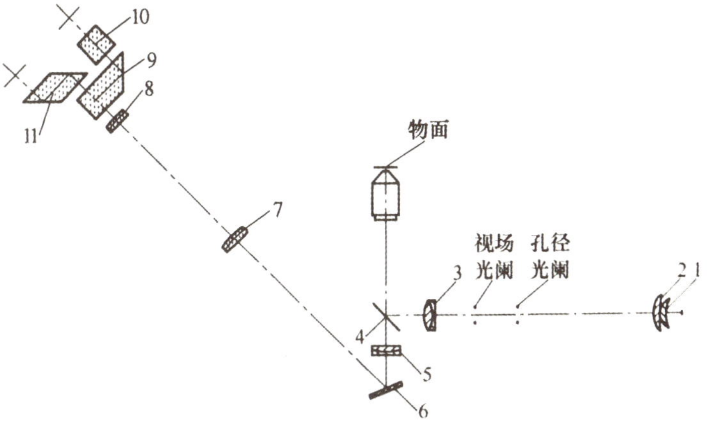

1—集光镜一；2—集光镜二；3—聚光镜；4—分光镜；5—管镜一；6—反光镜；
7—管镜二；8—管镜三；9—棱镜胶合组；10—平晶；11—斜方棱镜。

图 4-4　倒置式金相显微镜的光路图

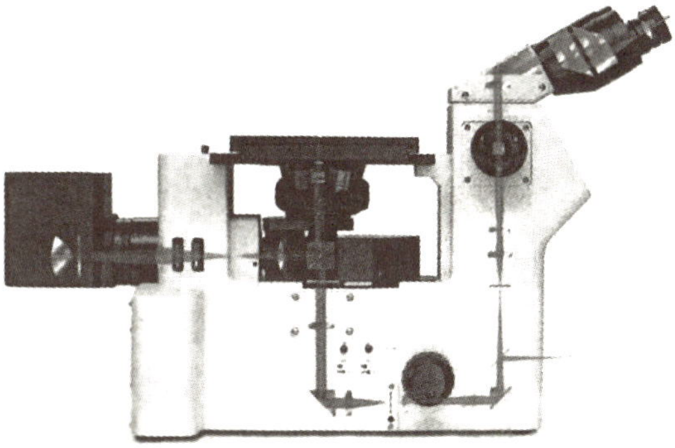

图 4-5　倒置式金相显微镜的外形及光路示意图

3. 机械系统

机械系统主要有底座、载物台、镜筒、调节旋钮（聚焦）等，倒置式金相显微镜的结构如图 4-6 所示。

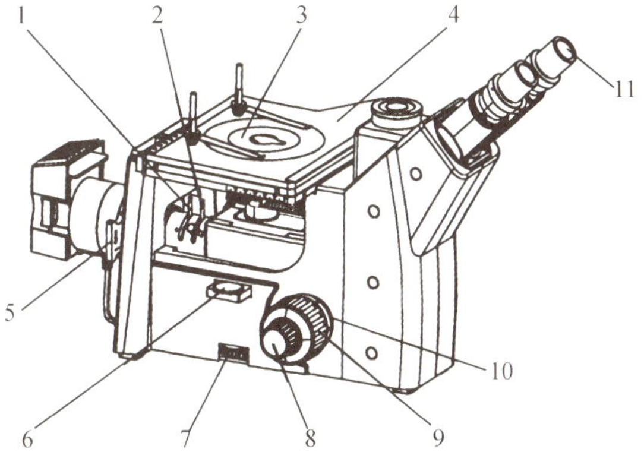

1—孔径光阑拨杆；2—视场光阑拨杆；3—金属载物台板；4—机械平台；5—起偏镜插板滤色镜插板；
6—360°旋转检偏镜；7—调光手轮；8—微动手轮；9—粗动手轮；10—松紧调节手轮；11—目镜。

图 4-6　倒置式金相显微镜的结构

4. 摄影系统

摄影系统是在一般显微镜的基础上，附加了一套摄影装置，主要由照相目镜、对焦目镜、暗箱、投影屏、暗盒、快门等组成。随着计算机和数码技术的发展与普及，现代金相显微镜都配有数码摄影与计算机图像处理系统，已基本取代了传统的感光胶片技术，同时简化了金相显微镜的构造。

随着几何光学、物理光学以及计算机技术与数字图像技术的迅速发展，给现代金相显微镜发展开创了一个新世界，将机械、光学、计算机技术和电子图像分析等领域新技术综合应用并优化组合，使金相显微镜操作更简单、精度更高、图像更完美。

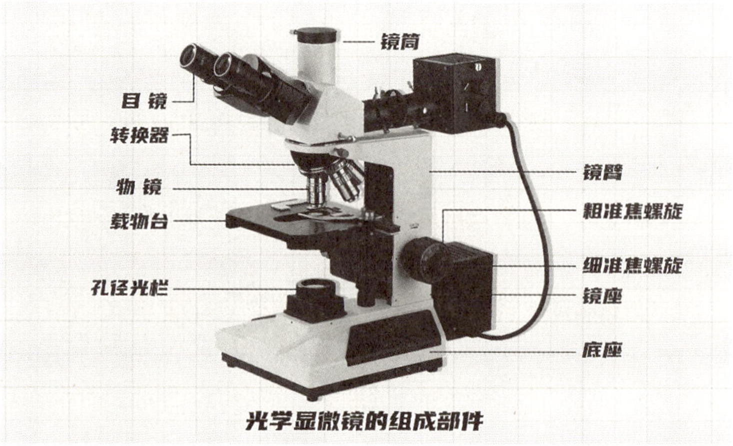

【动画：显微镜的构造】

4.5.3 金相显微镜摄影操作要点

在金相分析中，不仅要对材料的组织结构进行观察分析，而且还要对此进行记录-显微摄影，以获得金相照片。一张好的金相照片要求视场中的组织具有代表性，反差适中，组织清晰，层次丰富，具有真实感。一幅优秀的金相照片不仅能代表材料的典型微观组织形貌，同时也是材料与艺术的相互辉映，令人赏心悦目。

4.5.4 金相显微镜的使用和维护

金相显微镜属于精密光学仪器，操作者必须充分了解其结构特点、性能以及使用方法，并严格遵守操作规程。

1. 使用步骤及注意事项

显微镜操作之前，操作者的手必须洗净擦干，试样也要求清洁，试样不得残留氢氟酸等化学药品（尤其是倒置式显微镜），严禁用手摸光学零件，需按照以下步骤谨慎操作：

（1）接通电源；

（2）选择合适的物镜与目镜，先进行低倍观察（一般 100 倍），再进行高倍观察；

（3）使载物台对准物镜中心；

(4)视野光栏与目镜镜筒大小合适；

(5)先粗调再微调；

(6)聚焦使映像清晰；

(7)观察完毕切断电源，取下物镜、目镜放入干燥缸内，将载物台处于非工作状态，盖好防尘罩。

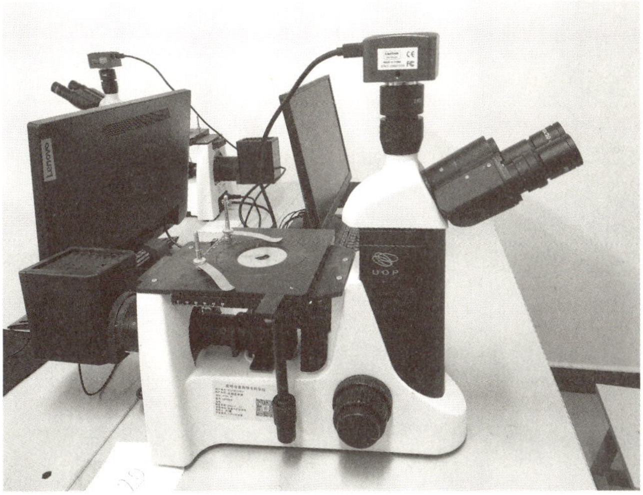

【视频：显微镜的操作】

2. 维护

金相显微镜应安装在阴凉、干净、无灰尘、无蒸汽、无酸、无碱、无振动的室内。尤其是不宜靠近挥发性、腐蚀性等化学药品，以免造成腐蚀环境。阴暗潮湿环境对显微镜危害很大，会造成部件生锈、发霉，以致报废。因此，最好在显微镜室安装空调或去湿器，严防光学零件的发霉，一旦发霉应立即进行清洁。

4.6　金相显微镜观察方法的基本原理及应用

光学显微镜有明场、暗场、正交偏光、锥光偏光、相衬、微差干涉相衬、干涉和荧光等观察方法，之后又出现了共聚焦的方法。其中，锥光偏光主要用于观察岩矿等晶体样品，荧光主要用于染料标记的生物样品以及可自发荧光的有机样品。目前，金相显微镜的功能主要有明场、暗场、正交偏光、微差干涉相衬等。

4.6.1　明场

明场(bright field)照明是金相显微镜的主要照明方式与观察方法。如图4-7所示为用平面玻璃作垂直照明的光路；如图4-8所示为用棱镜作垂直照明器的光路图。

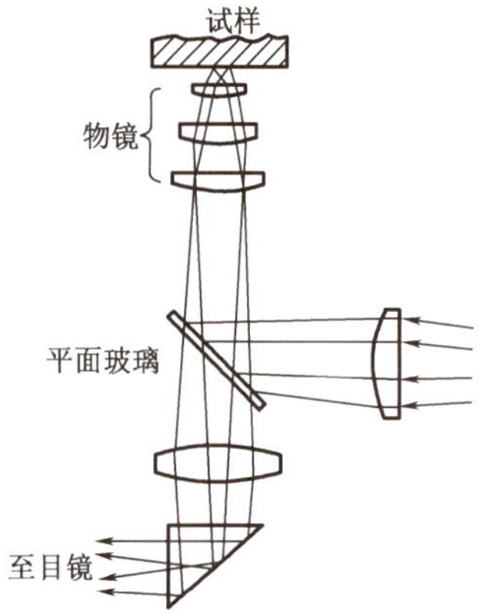

图 4-7　用平面玻璃作垂直照明器的光路

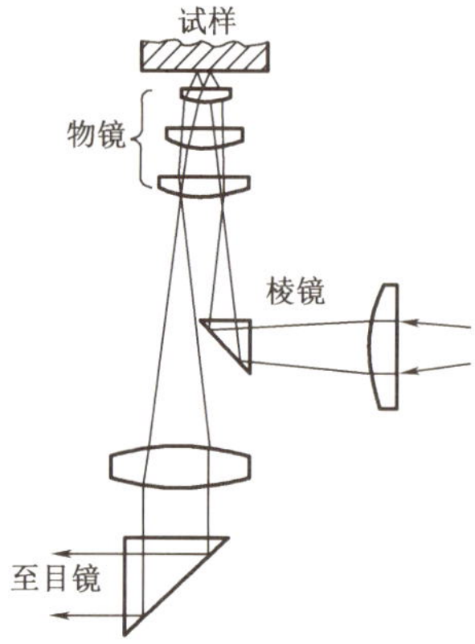

图 4-8　用棱镜作垂直照明器的光路图

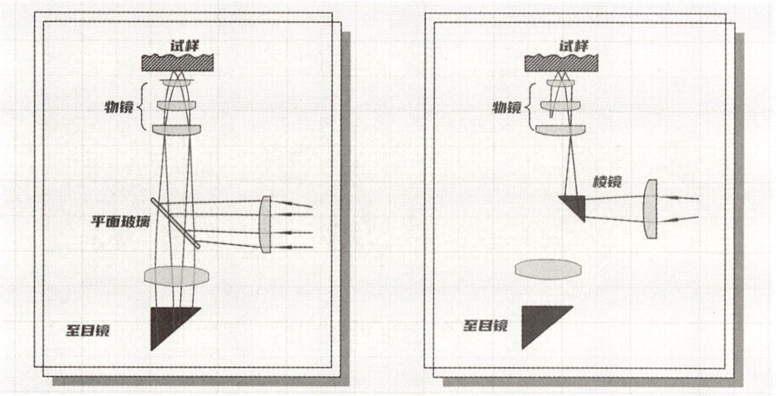

【动画:显微镜明场光路】

4.6.2　暗场

暗场(dark field)照明是物体的一种照明方式,在以足够倾斜的射线照明物体时,由于没有射线直接进入物镜而得到的观察结果。

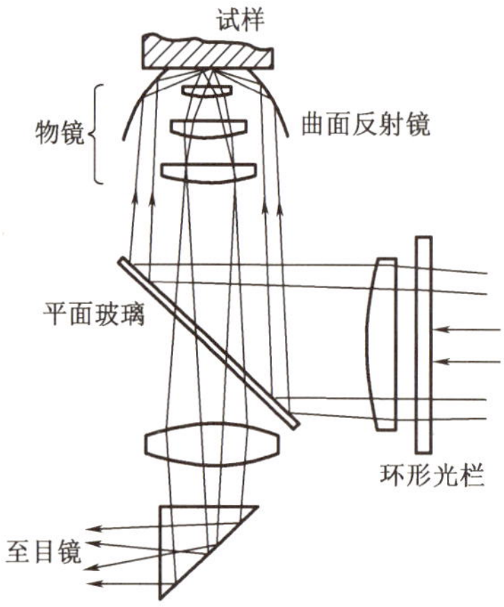

图 4-9　暗场照明光路图

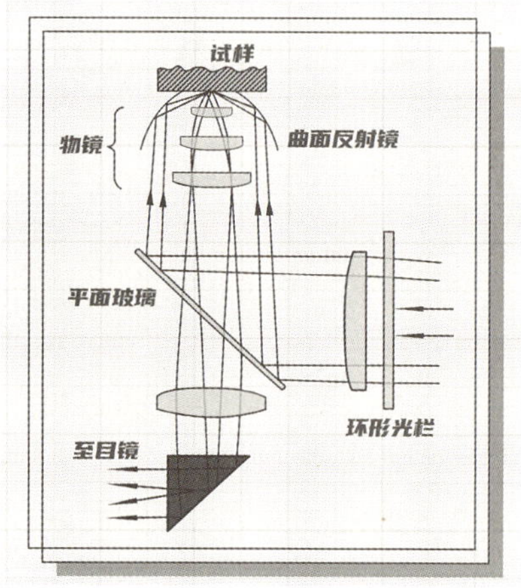

【动画:显微镜暗场光路】

4.7 实　　训

4.7.1 实训内容

1. 熟悉金相显微镜的基本组成及成像原理。

2. 掌握金相显微镜的使用方法。

3. 比对明场、暗场、偏光、以及微分干涉衬度对金相组织显示的效果，进一步了解金相显微镜的作用。

4. 掌握数码摄影技术。

4.7.2 实训步骤

1. 观察显微镜的结构，了解各部件的作用，并绘制显微镜的光路示意图。

2. 安装显微镜的物镜、目镜，调好孔径光栏与视野光栏，对已制备好的金相试样进行观察分析。

3. 绘制所观察到的金相显微组织特征图。

4. 对给定样品在大型金相显微镜下，进行不同显微技术（明场、暗场、偏光、相衬、干涉以及微分干涉衬度）的观察与分析。

5. 采用数码摄影方法对所观察的组织进行拍照。

4.7.3 实训报告

1. 写出实验目的、实验设备。

2. 描述实验过程。

3. 绘制制备好的金相显微组织特征图，并对观察到的金相显微组织进行分析讨论。

4.7.4 思考题

1. 光学金相显微镜主要由哪几部分组成？各部分又由哪几个零件组成？

2. 绘图说明显微镜的几何放大原理。

3. 显微镜物镜、目镜是如何配合使用的？

4. 绘图说明明场与暗场照明的原理，并说明暗场照明的优缺点。

5. 显微镜在使用和维护中，应该注意哪些事项？

第5章 组织的观察与分析

5.1 组织的定义及研究

5.1.1 组织的定义

在工业上除了纯金属得到一定的应用外，应用最广泛的是合金(alloy)。合金是由两种或多种化学组分构成的固溶体或化合物形式的材料或物质。组织是指构成金属或合金材料内部所具有的各组成物的直观形貌，分为宏观和微观两类。宏观组织是指肉眼或放大倍率一般低于10倍的放大镜可观察到的金属或合金的组织。例如，观察金属材料断口组织、渗碳层的厚度以及经酸浸后的低倍组织等，一般分辨率是0.15 mm。微观组织是借助显微镜观察到的组织。光学显微镜是最基本最常用的观察金属和合金显微组织的设备，一般极限分辨率为0.2 μm，它能观察到材料微米级的各种相的形状、大小、分布及相对量等。

金属材料经抛光后的试样，在显微镜下只能分析研究材料的非金属夹杂物、石墨等组织的形貌。经浸蚀后的试样在显微镜下检查，则可看到由不同相组成的各种形态的组织。所谓相是指合金中具有同一化学成分、同一结构和原子聚集状态，且界面相互分开的、均匀的组成部分。组织按相的多少分为下列三类：

(1)单相组织

单相组织包括纯金属和单相合金，在显微镜下看到的是多边形晶粒组成的多晶体组织。例如，我们经常看到的工业纯铁、Fe-Si、Cu-Ni等合金的退火态组织。通过对单相组织的观察分析，主要研究晶粒边界(晶界)、晶粒形状、晶粒大小以及晶粒内出现的亚结构等，如工业纯铁为单相等轴状铁素体组织(图3-2)。

(2)两相组织

具有两相组织的合金很多，尤其是二元合金。如四六黄铜(即α+β黄铜)、Al-Si合金、Pb-Sn合金、Sn-Sb合金和Cu-Pb合金等的组织；Al-Si共晶合金是两相组织。

(3)多相组织

大部分高合金钢具有多相的复杂组织，如高速钢、不锈耐热钢等。图5-1为W18Cr4V高速钢铸态组织，由鱼骨状莱氏体+高温δ铁素体(黑色区域)+马氏体与残余奥氏体(白色区域)多相组织组成。

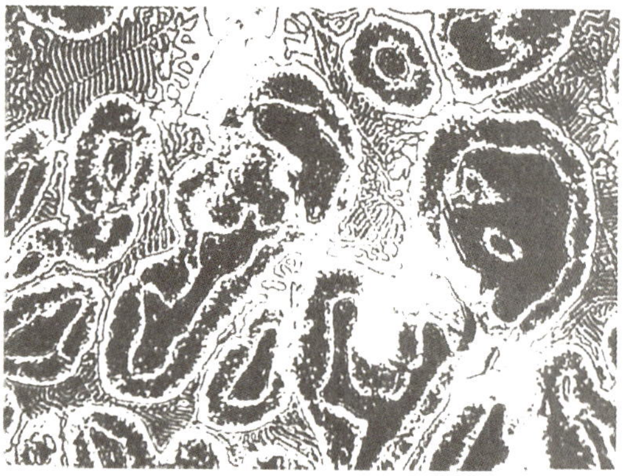

图 5-1　W18Cr4V 高速钢铸态组织(500×)

5.1.2　影响组织变化的条件

影响组织变化的条件首先是合金的成分。不同成分的合金,显示出不同的组织。例如 Cu-Zn 合金系,含 Zn 量小于 30%时,得到单相 α 黄铜;含 Zn 在 40%~50%时,则为(α+β)两相黄铜。又如碳钢和白口铁,同是 Fe-C 系合金,含碳量小于 2.11%时为钢,含碳量大于 2.11%时为白口铁。钢和白口铁的组织虽然在室温都是由铁素体和渗碳体两相组成,但是它们的组织形态、相的相对量随含碳量的不同差别很大。因而,钢和白口铁的使用性能和工艺性能迥然不同。

当合金的成分确定后,影响金属材料组织变化的因素就是生产工艺条件。凝固、锻压及热处理等对组织的形成影响极大。例如,在生产中普通浇注的铸锭和连续铸锭的组织不同,前者的宏观组织显示出细等轴晶区、柱状晶区及中心大等轴晶区,呈典型的铸锭组织;而后者柱状晶发达,中心等轴晶极少。又如,同是碳钢,碳的质量分数为 0.2%的碳钢,一般在浇注条件下得到魏氏组织,而在退火条件下得到的组织为均匀的铁素体晶粒和珠光体。同样是碳的质量分数为 0.2%的碳钢,从奥氏体相区空冷则得到细小均匀的铁素体晶粒和珠光体。

上述工艺条件的影响,归纳起来主要的一点就是冷却速度对组织形成的影响。此外,锻压变形对组织形成的影响亦是极其重要的。所以分析研究材料的组织时,一定要明确材料的化学成分和形成工艺。

5.1.3　组织分析

材料的组织按照观察的放大倍数不同,可分为宏观组织、光学金相组织、电子显微组织和晶体结构等,这里重点讨论光学金相组织。性能是指使用性能和工艺性能,前者如力学性能、物理性能和化学性能等,后者如浇注性能、锻压性能和热处理性能等。

组织是性能的根据,性能是组织的反应。所以研究金属材料时,应当着重分析研究金属材料的组织。而组织随着合金的成分、生产工艺条件等变化而变化。因此研究组织时,应分析研究影响组织变化的条件。

(1)首先要搞清楚合金的成分,尤其是组成合金的主要成分。

根据合金的成分,查找相应的合金系相图。主要的二元合金相图基本上都能在相关的金属手册中查到;三元合金的相图,只能查到某些合金系,以及重要合金的等温截面或垂直截面图。查到有关相图后,按照合金成分(主要成分)找到平衡状态时具有的合金相。单相、双相还是三相,并根据杠杆定则,大致估算其相对量,作为判定组织时的参考。

对于一些较复杂的合金,准确的相图查找不到,只能参照主要成分的相图,根据我们所掌握的合金相和二元相图、三元相图的基本知识,推理判断组织中出现的各种相。

(2)其次要了解该合金的制备工艺过程。原料纯度、熔炼方法、凝固过程、锻轧工艺以及热处理工艺等。

(3)要了解试样截取的部位、取样的方法、磨面的方向、试样的制备及显微组织显示方法等。

(4)在显微镜下实际观察时,先用低倍镜观察组织的全貌,再用高倍镜对某相或某些细节进行仔细观察,最后根据需要选用特殊的方法如暗场、偏振光、干涉、显微硬度等,或者用特殊的组织显示方法,进一步确定观察的合金相。先做相鉴定,然后做定量测试。

定量分析可以对照半定量的标准图,也可以用带标尺的目镜测量所研究的对象。自动图像分析仪是金相定量测试的现代工具。

对于光学金相还不能确定的合金相,则用 X 射线衍射方法、带能谱的扫描电镜、透射电镜以及电子探针等手段来确定。

5.2　钢中常见的金相组织与性能

5.2.1　铁素体

【PPT:铁素体】

铁素体(ferrite)是在 α-Fe 中固溶入其他元素而形成的固溶体,室温下保持 α-Fe 的体心立方晶格,具有同素异构转变,常压下在 1 394~1 538 ℃的温度范围内是稳定存在的、具有体心立方晶格的 δ-Fe。在 727 ℃时,碳在铁素体中的最大溶解度为 0.021 8%,即铁碳合金相图中 C 点的成分,如图 5-2 所示。而在室温下,碳在铁素体中的溶解度仅为 0.008%。铁素体的显微组织与力学性能接近纯铁,强度与硬度低,塑性好,在 230 ℃以下具有铁磁性。在合金钢中溶入合金元素的铁素体,则能提高钢的强度和硬度。铁素体的金相组织为单相等轴状铁素体,又称多边形铁素体(polygonal ferrite),是晶粒各个方向尺寸接近的铁素体组织。

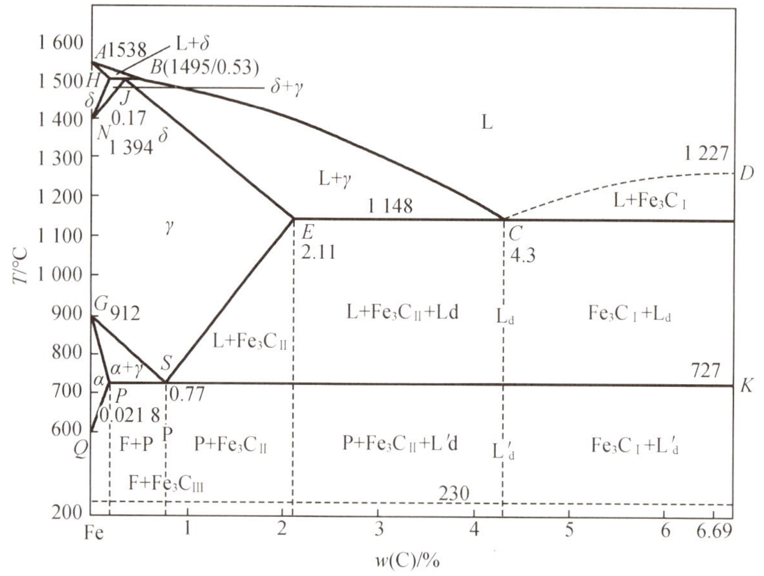

图 5-2　Fe-Fe_3C 相图

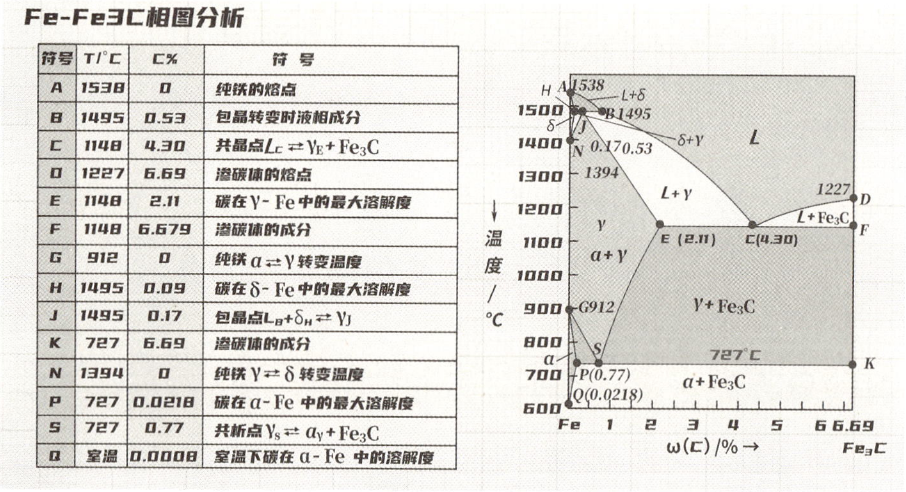

Fe-Fe3C相图分析

符号	T/°C	C%	符　号
A	1538	0	纯铁的熔点
B	1495	0.53	包晶转变时液相成分
C	1148	4.30	共晶点 $L_C \rightleftarrows \gamma_E + Fe_3C$
D	1227	6.69	渗碳体的熔点
E	1148	2.11	碳在γ-Fe中的最大溶解度
F	1148	6.679	渗碳体的成分
G	912	0	纯铁 $\alpha \rightleftarrows \gamma$ 转变温度
H	1495	0.09	碳在δ-Fe中的最大溶解度
J	1495	0.17	包晶点 $L_B + \delta_H \rightleftarrows \gamma_J$
K	727	6.69	渗碳体的成分
N	1394	0	纯铁 $\gamma \rightleftarrows \delta$ 转变温度
P	727	0.0218	碳在α-Fe 中的最大溶解度
S	727	0.77	共析点 $\gamma_S \rightleftarrows \alpha_\gamma + Fe_3C$
Q	室温	0.0008	室温下碳在α-Fe 中的溶解度

【动画:铁碳相图讲解】

5.2.2　奥氏体

奥氏体(austenite)是在γ-Fe 中固溶入其他元素而形成的固溶体,在合金钢中是碳和合金元素在γ-Fe 中的固溶体,具有γ-Fe 的面心立方晶格。它塑性很高,硬度和屈服强度都较低,是钢中比体积最小的组织。在铁碳合金中,1 148 ℃时奥氏体中碳的最大溶解度为 2.11%,即铁碳合金相图中 E 点的成分,如图 5-2 所示。随着温度的降低碳的溶解度也随之降低,在 727 ℃时碳的溶解度为 0.77%。

【PPT:奥氏体】

奥氏体的显微组织为规则的多边形(等轴状)单相组织,并有孪晶现象,图 5-3 为氯化铁盐酸水溶液浸蚀的奥氏体不锈钢组织。

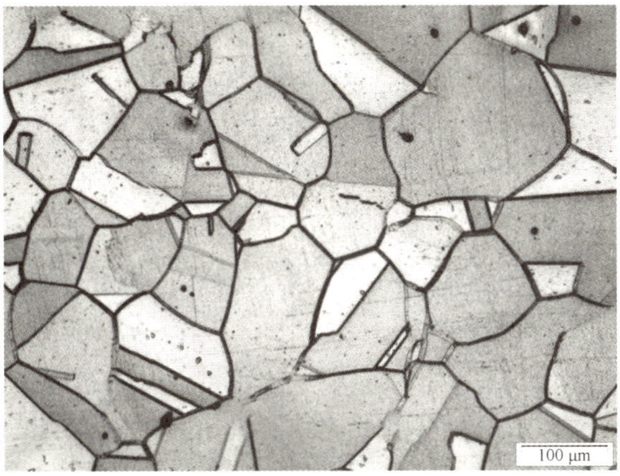

图 5-3　奥氏体不锈钢组织(100×)

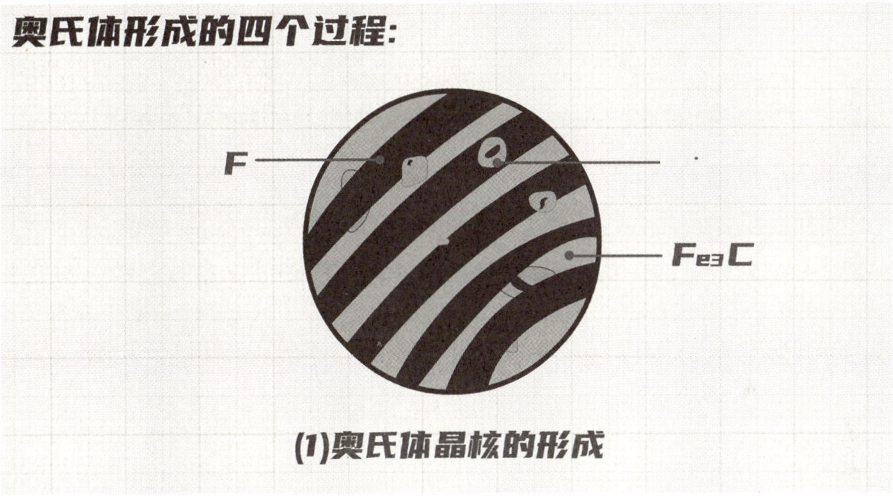

【动画:奥氏体转变的过程】

5.2.3　渗碳体

【PPT:渗碳体】

渗碳体(cementite)是铁和碳形成的稳定化合物,化学组成式为Fe_3C,具有正交晶体结构。常温下铁碳合金中碳大部分以渗碳体的形式存在,渗碳体中碳的质量分数为6.69%,没有同素异构转变,熔点为1 600 ℃,硬度很高(显微硬度可达800~1 000 HV),脆性很大,塑性近于零,低温下有弱磁性,高于217 ℃时磁性消失。渗碳体是一种介稳定化合物,在一定条件下能分解成石墨状的自由碳。

根据铁-碳相图(图5-2),渗碳体有一次(初生)渗碳体、二次渗碳体、三次渗碳体、共晶渗碳体和共析渗碳体5种,其显微组织随含碳量的不同,具有不同的形态和含量,4%硝酸酒精溶液浸蚀后渗碳体呈白色。渗碳体可与其他合金元素形成置换式固溶体,以渗碳体晶格为基体的这种固溶体称为合金渗碳体。

1. 一次渗碳体

一次渗碳体（primary cementite）又称初次渗碳体、先共晶渗碳体（proeutetiecementite），是过共晶成分的铁碳合金中共晶反应前从液态中直接结晶出来的渗碳体，即沿铁碳合金相图 5-2 中 *CD* 线由液体中结晶析出的渗碳体 Fe_3C_I，呈杆状（图 5-4 中白色粗大杆状），基体为珠光体（黑色）+渗碳体（白色）组成的莱氏体。

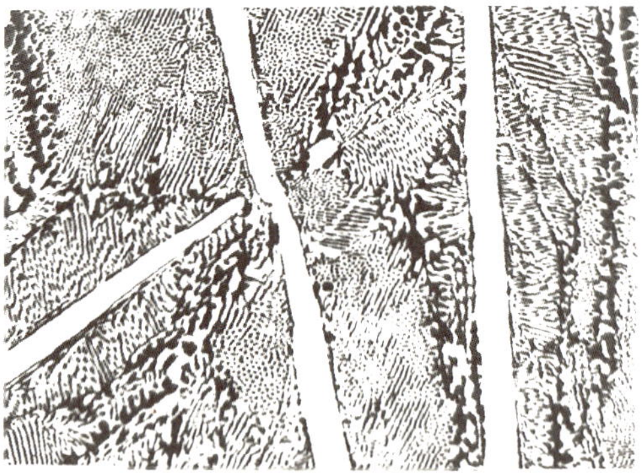

图 5-4　过共晶白口铁（莱氏体+一次渗碳体（白色杆状））（100×）

2. 二次渗碳体

二次渗碳体（secondary cementite）又称先共析渗碳体（proeutectoid cementite），是过共析成分的铁碳合金中共析反应前从奥氏体中析出的渗碳体，即沿铁碳合金相图 5-2 中 *ES* 线由 γ-固溶体中析出的渗碳体（Fe_3C_{II}），呈网状分布，T12 过共析退火态组织如图 3-7（a）所示，其中白色网状为二次渗碳体（4%硝酸酒精溶液浸蚀），基体组织为珠光体。经碱性苦味酸钠水溶液热浸蚀后二次渗碳体呈黑色，如图 3-7（b）所示。

3. 三次渗碳体

三次渗碳体（tertiary cementite）是由低温铁素体中析出的渗碳体，即沿铁碳合金相图 5-2 中 *PQ* 线由 α-固溶体中析出的渗碳体（Fe_3C_{III}）。其主要沿铁素体晶界析出，如图 5-5 所示（4%硝酸酒精溶液浸蚀），一般含量很少，量多则会使强度大大下降。

4. 共晶渗碳体

共晶渗碳体（eutectic cementite）即铁碳合金中共晶反应生成的共晶混合物中的渗碳体。如：莱氏体中的渗碳体。

5. 共析渗碳体

共析渗碳体（eutectoid cementite）又称珠光体渗碳体（pearlitic cementite）。共析反应所生成的共析混合物中的渗碳体。

5.2.4　珠光体

【PPT：珠光体】

珠光体（pearlite）是铁素体和渗碳体的共析混合物，是碳的质量分数为 0.77%的奥氏体在 727 ℃时共析转变的产物，根据形成温度和珠光体中铁素体和渗碳体的分散度，通常可分为粗珠光体、索氏体和屈氏体。

1. 粗珠光体

粗珠光体（pearlite）是过冷奥氏体在 650~700 ℃左右分解的产物。其硬度为 200 HBW 左右，用一般金相显微镜可分辨 Fe_3C 片，如图 5-5（放大 1 000×时，层片更清晰，其中凸起来的为 Fe_3C 片）和图 3-6（放大 500×时，部分层片不能识别）所示。

2. 索氏体

索氏体（sorbite）是过冷奥氏体冷却到 500~600 ℃形成的片间距约为 800~1 500 nm 的珠光体。其硬度为 250 HBW 左右，用高倍显微镜放大 1 000 倍才能分辨 Fe_3C 片，如图 5-6 所示。

图 5-5　工业纯铁（铁素体+三次渗碳体）（1 000×）

图 5-6　索氏体（1 000×）

3. 屈氏体

屈氏体（troostite）又称细珠光体，是过冷奥氏体冷却到 350~500 ℃左右形成的片间距约为 300~800 nm 的珠光体。其硬度为 350 HBW 左右，具有极细的 Fe_3C 片，用电子显微镜放大 5 000 倍以上才能分辨 Fe_3C 片，如图 5-7 所示。

由于它们本质上没有区别，均为铁素体和渗碳体相间排列的层片状，所以统称为珠光体。但由于它们的片层间距不同，导致硬度、强度以及抗腐蚀性能等不同。但在一定的热处理条件下（如经过球化退火或高温回火），渗碳体以粒状或接近球状分布于铁素体的基体上，成为粒状（球状）珠光体组织。图 5-8 为 T12 钢经球化处理后的组织（4%硝酸酒精溶液浸蚀）。

图 5-7　屈氏体（透射电镜照片）（5 000×）

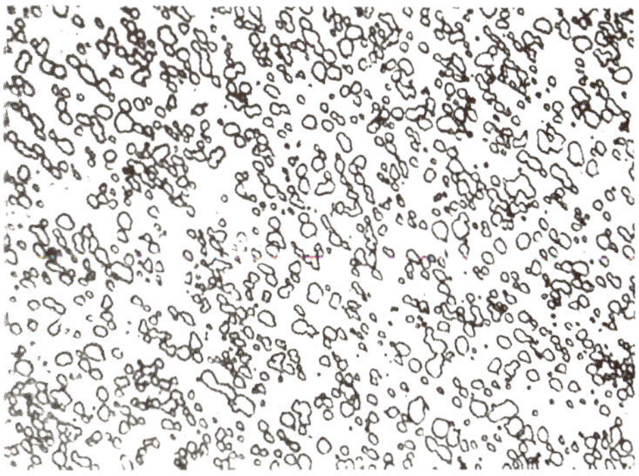

图 5-8　球状珠光体（500×）

5.2.5 莱氏体

莱氏体(ledeburite)是铁碳合金共晶反应的产物,是在含碳量为2.11%~6.67%的铁碳合金中发生共晶反应后快速冷却形成的,为奥氏体和渗碳体的共晶混合物。当冷速较低时,将发生奥氏体分解,形成铁素体和渗碳体(珠光体)的共析反应产物,珠光体与共晶渗碳体、二次渗碳体的混合物称为低温莱氏体。图5-9是含碳量为4.3%的铁碳合金的低温莱氏体组织(4%硝酸酒精溶液浸蚀),其中白亮者为渗碳体(共晶渗碳体+二次渗碳体),黑色为珠光体。由于该组织中渗碳体量很多,所以硬而脆。

【PPT:莱氏体】

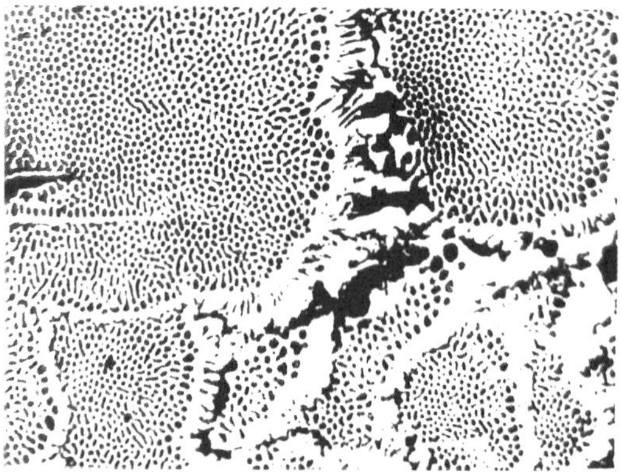

图 5-9　低温莱氏体组织(500×)

5.2.6 贝氏体

贝氏体(bainite)是由奥氏体在珠光体和马氏体转变温度之间转变产生的亚稳态微观组织,包含上贝氏体、下贝氏体、中温贝氏体。本书主要介绍上贝氏体和下贝氏体。

【PPT:贝氏体】

1. 上贝氏体

上贝氏体(upper bainite)是过冷奥氏体在细珠光体形成温度(一般在550~450 ℃)范围内发生贝氏体相变得到的组织。其碳化物的形貌多呈羽毛状分布在铁素体间。如40Cr钢经1 000 ℃加热、420 ℃等温30 s后水冷的组织由上贝氏体(羽毛状)+马氏体组成(如图5-10所示,4%硝酸酒精溶液浸蚀),在透射电子显微镜下,可观察到碳化物多呈条状分布在铁素体间(图5-11)。

2. 下贝氏体

下贝氏体(lower bainite)是过冷奥氏体在相对较低温度(一般在280~250 ℃)范围内发生贝氏体相变得到的组织。其碳化物的形貌多为颗粒状,在铁素体间分布,与回火马氏体的组织形态及性能相似。如T8钢经奥氏体化后,在280 ℃等温30 s后获得组织由下贝氏体(针状)+马氏体组织(如图 5-12 所示,4%硝酸酒精溶液浸蚀),在透射电子显微镜下可观察到碳化物按一定方向规则排列(与针状 α-Fe 呈 60°夹角,如图 5-13 所示)。

图 5-10　上贝氏体(羽毛状)(500×)

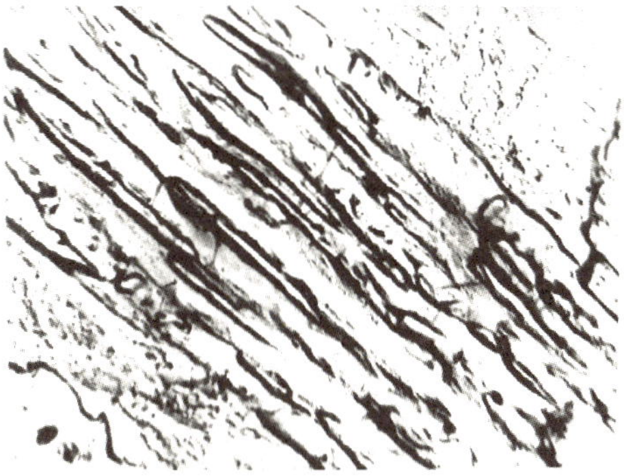

图 5-11　上贝氏体(透射电镜)(10 000×)

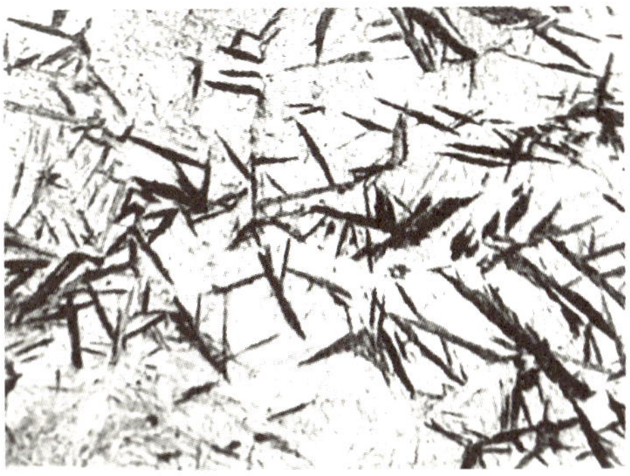

图 5-12　下贝氏体(500×)

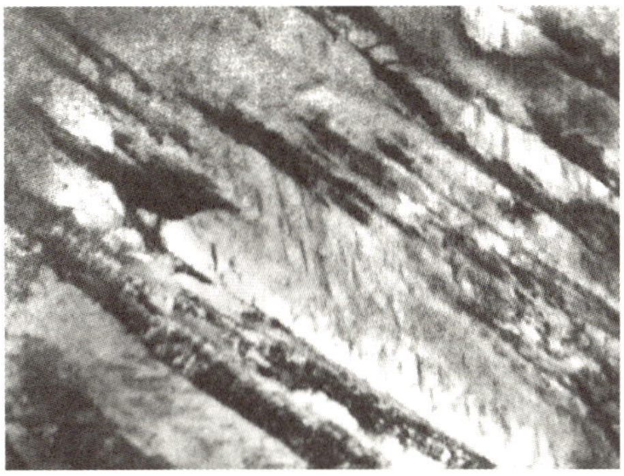

图 5-13　下贝氏体(透射电镜)(20 000×)

上贝氏体与下贝氏体的形态和碳化物的分布不同,导致力学性能有所不同,下贝氏体的力学性能优于上贝氏体,尤其是韧性。实际应用中希望获得下贝氏体组织,但生产过程中常出现的是上、下贝氏体同时存在的组织。

5.2.7　马氏体

马氏体(martensite)是由马氏体相变产生的无扩散的共格切变型转变产物的统称。当钢奥氏体化后,经快速冷却至马氏体相变点以下时,γ-Fe 结构在低温下不稳定,便转变为 α-Fe。但由于冷却速度快,钢中碳原子来不及扩散,因而新相马氏体保留了高温时母相奥氏体的成分,因此马氏体是无扩散性的相变产物。由于碳在 α-Fe 中的过饱和使 α-Fe 的体心立方晶格发生了畸变,形成了体心正方晶格。

【PPT:马氏体】

马氏体具有很高的硬度(显微硬度可达 800~1 200 HV),而塑性接近零。马氏体很脆,冲击韧性很低,断面收缩率和伸长率接近零。马氏体的硬度随碳含量增加而增加,碳的质量分数达 0.7%时,马氏体的硬度达到最大值。马氏体中过饱和的碳使晶格发生畸变,因而马氏体的比体积较奥氏体大,钢中马氏体形成时会产生很大的相变应力。

根据含碳量和马氏体的金相特征，可将马氏体分为低碳的板条马氏体和高碳的针状马氏体。

1. 板条马氏体

板条马氏体（lath martensite）又称位错马氏体（dislocation martensite），是在碳含量较低的钢中形成的具有板条状形貌的马氏体，板条内部存在高密度的位错。其基本特征是尺寸大致相同的细马氏体条定向平行排列，组成马氏体束，在马氏体束与束之间存在一定的位向，在一个原始的奥氏体晶粒内可以形成几个不同取向的马氏体束。用4%的硝酸酒精溶液浸蚀时，能清晰地显示板条状马氏体的组织特征。如图5-14为20钢经920 ℃加热后，在盐水中冷却得到的典型板条马氏体（4%硝酸酒精溶液浸蚀）。板条马氏体的硬度相对较低，韧性较好。

2. 针状马氏体

针状马氏体（acicular martensite）又称孪晶马氏体（twin martensite）。其透镜形貌为片状马氏体，在含碳量较高的钢中形成具有针状或竹叶状形貌的马氏体，微观下主要为孪晶。其基本特征是在一个奥氏体晶粒内形成的第一片马氏体针较粗大，往往横贯整个奥氏体晶粒，将奥氏体晶粒加以分割，使以后形成的马氏体针大小受到限制。因此，针状马氏体的大小不一，但针状马氏体的分布有一定的规律，基本上马氏体针按近似60°角分布。在马氏体针叶中有一中脊面，含碳量愈高，愈明显，并在马氏体周围有残留奥氏体。图5-15为含碳量为1.6%的超高碳钢950 ℃油冷200 ℃回火后的竹叶状马氏体组织，为互成一定角度的针状结构，针间夹着白色残留奥氏体（4%硝酸酒精溶液浸蚀）。马氏体经回火后由于有大量弥散细小的碳化物析出，很容易受浸蚀而变为黑色。针状马氏体不仅硬度高而且脆性很大。

图5-14　板条马氏体组织（500×）

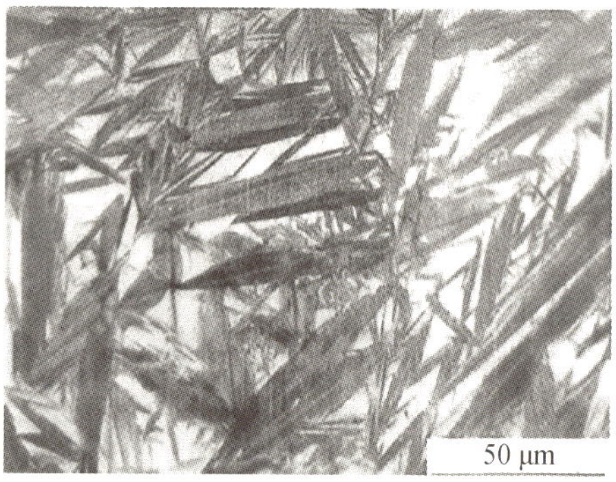

图5-15　针状马氏体组织（500×）

5.2.8　魏氏组织

魏氏组织（widmanstatten structure）是先共析相沿过饱和母相的特定晶面析出，在母相中呈片状或针状特征分布的组织。魏氏组织属于过热组织（overheater structure），由于加热温度过高，保温时间过长，以至于基体晶粒组织变得明显粗大。按其含碳量可有铁素体魏氏组织和渗碳体魏氏组织之分。

【PPT：魏氏体】

1. 铁素体魏氏组织

亚共析钢因为过热而形成的粗晶奥氏体，在一定的过冷条件下，除了在原来奥氏体晶粒边界上析出块状 α-Fe 外，还有从晶界向晶粒内部生长的片状 α-Fe。这种片状 α-Fe 与原来的奥氏体有着一定的结晶位向关系。这些在晶粒中出现的互成一定角度或彼此平行的片针状 α-Fe，即为亚共析钢的魏氏组织。图 5-16 为 45 钢高温加热后正火得到的铁素体魏氏组织（铁素体呈白色针状，4%硝酸酒精溶液浸蚀）。

2. 渗碳体魏氏组织

在碳的质量分数大于 0.6%的碳钢中，一般不宜形成魏氏组织，但是在高碳钢中，由于冷却速度不当，渗碳体往往沿奥氏体晶面析出，也会形成针状渗碳体型的魏氏组织。如图 5-17 所示为 T12 过共析钢高温正火获得的渗碳体魏氏组织（渗碳体呈白色细针状，4%硝酸酒精溶液浸蚀）。

图 5-16 铁素体魏氏组织（铁素体针）（50×）

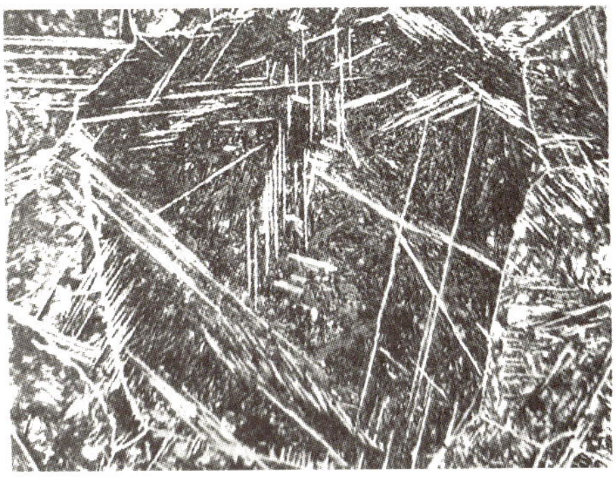

图 5-17 渗碳体魏氏组织（渗碳体针）（200×）

5.3 铁碳合金平衡组织的观察

5.3.1 实训内容

1. 观察和分析铁碳合金的平衡组织。
2. 掌握铁碳合金显微组织的形成过程。
3. 分析含碳量对铁碳合金组织的影响，掌握铁碳合金成分、组织和性能之间的关系。

5.3.2 实训所需设备与材料

1. 金相显微镜。
2. 金相图谱。
3. 7 种铁碳合金的试样。

合金种类	工业纯铁	碳　钢			白口铸铁		
		亚共析钢	共析钢	过共析钢	亚共晶白口铸铁	共晶白口铸铁	过共晶白口铸铁
w_C/%	<0.021 8	0.021 8~0.77	0.77	0.77~2.11	2.11~4.3	4.3	4.3~6.69
室温组织	F	F+P	P	P+Fe_3C_{II}	P+Fe_3C_{II}+L'_d	L'_d	Fe_3C_I+L'_d
室温组织形态	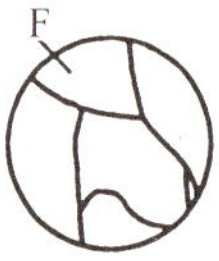		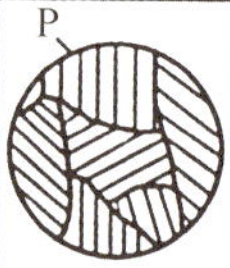		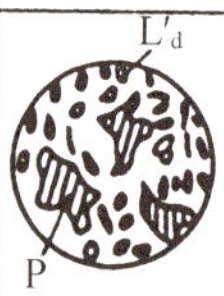	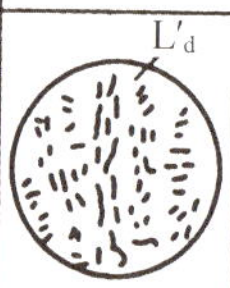	
力学性能	软	塑、韧性好	综合力学性能好	硬度大	硬而脆		

【PPT 视频:铁碳合金平衡组织的观察】

5.3.3　实训步骤

1. 根据 Fe-Fe_3C 相图分析各类成分合金的组织形成过程,并通过对铁碳合金平衡组织的观察和分析,熟悉钢和铸铁的金相组织和形态特征,建立成分与组织之间相互关系的概念。

2. 在显微镜下对各种试样进行观察和分析,并确定其所属类型。画出所观察到的显微组织图,抓住组织形态的特征,并在图中表示出来。

5.3.4　实验报告要求

1. 说明本次实验的目的。

2. 画出所观察过的组织,并注明材料名称、含碳量、(浸蚀剂)和放大倍数。显微组织图画在直径为 30 mm 的圆内,并将组织组成物名称以箭头引出标明。

3. 根据所观察的显微组织近似地确定和估算一种亚共析钢的含碳量。

5.3.5　注意事项

1. 在观察显微组织时,可先用低倍显微镜全面地进行观察,找出典型组织,然后再用高倍显微镜放大,对部分区域进行详细观察。

2. 在移动金相试样时,不得用手指触摸试样表面或将试样表面在载物台上滑动,以免引起显微组织模糊不清,影响观察效果。

3. 画组织示意图时,应抓住组织形态的特点,画出典型区域的组织。注意不要将磨痕或杂质画在图上。

材料＿＿＿＿＿＿＿＿
状态＿＿＿＿＿＿＿＿
组织＿＿＿＿＿＿＿＿
放大倍数＿＿＿＿＿＿

材料＿＿＿＿＿＿＿＿
状态＿＿＿＿＿＿＿＿
组织＿＿＿＿＿＿＿＿
放大倍数＿＿＿＿＿＿

材料＿＿＿＿＿＿＿＿
状态＿＿＿＿＿＿＿＿
组织＿＿＿＿＿＿＿＿
放大倍数＿＿＿＿＿＿

材料＿＿＿＿＿＿＿＿
状态＿＿＿＿＿＿＿＿
组织＿＿＿＿＿＿＿＿
放大倍数＿＿＿＿＿＿

材料＿＿＿＿＿＿＿＿
状态＿＿＿＿＿＿＿＿
组织＿＿＿＿＿＿＿＿
放大倍数＿＿＿＿＿＿

材料＿＿＿＿＿＿＿＿
状态＿＿＿＿＿＿＿＿
组织＿＿＿＿＿＿＿＿
放大倍数＿＿＿＿＿＿

材料＿＿＿＿＿＿＿＿
状态＿＿＿＿＿＿＿＿
组织＿＿＿＿＿＿＿＿
放大倍数＿＿＿＿＿＿

材料＿＿＿＿＿＿＿＿
状态＿＿＿＿＿＿＿＿
组织＿＿＿＿＿＿＿＿
放大倍数＿＿＿＿＿＿

材料＿＿＿＿＿＿＿＿
状态＿＿＿＿＿＿＿＿
组织＿＿＿＿＿＿＿＿
放大倍数＿＿＿＿＿＿

5.4 碳钢热处理显微组织观察

5.4.1 碳钢热处理简介

铁碳合金经缓冷后的显微组织基本与铁碳相图所预料的各种平衡组织相符合，但碳钢在不平衡状态，即在快冷条件下的显微组织就不能用铁碳合金相图来加以分析，而应由过冷奥氏体等温转变曲线图来确定。

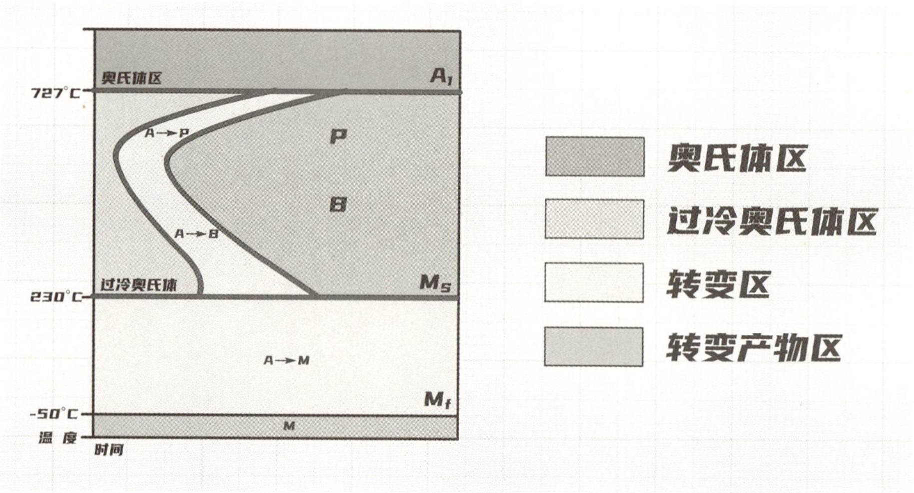

【动画：C 曲线讲解】

过冷奥氏体等温转变的组织有珠光体、贝氏体和马氏体等。表 5-1 所示为 45 钢和 T12 钢经不同热处理后的显微组织特征。

表 5-1 45 钢和 T12 钢经不同热处理后的显微组织特征

钢型号	编号	热处理工艺	显微组织特征	放大倍数
45 钢	1	退火：860 ℃炉冷	珠光体+铁素体（呈亮白色块状）	400×
	2	正火：860 ℃空冷	细珠光体+铁素体（块状）	500×
	3	淬火：760 ℃水冷	针状马氏体+部分铁素体（白色块状）	500×
	4	860 ℃水冷	细针马氏体+残余奥氏体（亮白色）	500×
	5	860 ℃油冷	细针马氏体+屈氏体（暗黑色块状）	500×
	6	1 000 ℃水冷	粗针状马氏体+残余奥氏体（亮白色）	500×
	7	860 ℃水淬和 200 ℃回火	细针状回火马氏体（针呈暗黑色）	500×
	8	860 ℃水淬和 400 ℃回火	针状铁素体+不规则粒状渗碳体	500×
	9	860 ℃水淬和 600 ℃回火	等轴状铁素体+粒状渗碳体	500×

表 5-1(续)

钢型号	编号	热处理工艺	显微组织特征	放大倍数
T12 钢	10	退火:760 ℃球化	铁素体+球状渗碳体(细粒状)	400×
	11	淬火:780 ℃水冷	细针马氏体+粒状渗碳体(亮白色)	500×
	12	1 000 ℃水冷	粗片马氏体+残余奥氏体(亮白色)	500×

5.4.2　实验内容

1. 观察和分析碳钢经不同热处理后钢的组织特征,掌握其变化规律。
2. 了解热处理工艺对钢组织和性能的影响。

5.4.3　实训所需设备和材料

1. 金相显微镜。
2. 金相图谱及放大金相图片。
3. 各种经不同热处理的显微样品。

5.4.4　实训步骤

1. 每组领取一套样品,在指定的金相显微镜下进行观察。观察时根据 $Fe-Fe_3C$ 相图和奥氏体等温转变图来分析确定各种组织的形成原因。

2. 本实验所研究的 45 钢及 T12 钢的热处理工艺、显微组织特征及放大倍数列于表 5-1 中。

3. 画出所观察到的几种典型的显微组织形态特征,并注明组织名称、热处理条件及放大倍数等。

5.4.5　实验报告要求

1. 简述实验目的、实验设备和材料。
2. 画出几种典型的显微组织图。
3. 分析样品 3 与 4,3 与 5,4 与 5,4 与 7 的异同处,并说明原因。

材料______________

状态______________

组织______________

放大倍数__________

材料______________

状态______________

组织______________

放大倍数__________

材料______________

状态______________

组织______________

放大倍数__________

材料______________

状态______________

组织______________

放大倍数__________

材料______________

状态______________

组织______________

放大倍数__________

材料______________

状态______________

组织______________

放大倍数__________

5.4.6 思考题

1. 碳钢的平衡组织和非平衡组织各有哪些?
2. 连续冷却相变(CCT)图和 Fe-Fe_3C 相图的应用各有什么限制条件?

5.5 常用合金钢的显微组织观察与分析

5.5.1 合金钢简介

所谓合金钢是在碳素钢的基础上,为了改善钢的性能,在冶炼时有目的的加入一些合金元素,如硅、锰、铬、镍、钼、钨、钒、钛、铝等。合金元素的加入对钢的组织和性能产生很大

影响。它比碳钢具有更高的强度、韧性或具有特殊性能,主要有以下方面:

(1)强化铁素体或奥氏体。

(2)形成合金碳化物。

(3)改变钢的室温组织。

(4)细化晶粒。

(5)提高钢的淬透性。

(6)提高耐回火性。

因此,合金元素的加入会影响到钢的临界温度和共析点的位置。

5.5.2　常用合金钢的显微组织特征

合金钢的显微组织比碳钢复杂,在合金钢中存在的基本相有合金铁素体、合金奥氏体、合金碳化物(包括合金渗碳体及特殊碳化物)及金属化合物等。其中合金铁素体与合金渗碳体及大部分的合金碳化物的组织特征,与碳钢中的铁素体和渗碳体无明显区别,而合金钢中的金属化合物的组织形态则随种类不同而各异,合金奥氏体在晶粒内常常存在滑移线和孪晶的特征。

1. 低合金钢

例如,40Cr 退火态组织为 F+P(与 40 钢比较 P 数量比 40 钢多,因共析点左移),40Cr 钢经调质处理后的显微组织是回火索氏体。GCr15 钢(轴承钢)840 ℃油淬低温回火试样的显微组织为 M+碳化物,与 T12 钢 780 ℃水淬低温回火试样的显微组织也是一样的,都得到回火马氏体+碳化物+残余奥氏体组织,40Cr 比 40 钢性能好、GCr15 比 T10 钢性能好,因为合金元素的加入使钢具有了如下优点:

(1)强化了基体。

(2)使共析点(S 点)左移,相当于提高了含 C 量。

(3)细化了组织。

(4)使 C 曲线右移,提高了淬透性,提高了 M 数量,从而提高了强度。

如图 5-18 所示为低合金钢的一些热处理组织。

2. 高速钢

W18Cr4V 的化学成分为 0.7%~0.8%C、17.5%~19%W、3.8%~4.4%Cr、1.0%~1.4%V 和<0.3%Mo。

由于含有大量合金元素,使铁碳相图中的 E 点大大向左移,以致它虽然只含有 0.7%~0.8%的碳,但也已经含有莱氏体组织,所以称为莱氏体钢。

(1)高速钢的铸态组织

高速钢在铸造状态下与亚共晶白口铸铁的组织相似,是具有鱼骨状碳化物为特征的共晶莱氏体组织。其中莱氏体由合金碳化物和马氏体或屈氏体组成。图 5-19 所示为 W18Cr4V 钢的铸态组织。在显微镜下观察时,除共晶莱氏体外还有部分呈暗黑色的 δ 共析体组织和少量马氏体(呈亮白色部分)。莱氏体沿晶界呈宽网状分布,其中的碳化物粗大、有骨架状,不能靠热处理消除,必须进行锻造打碎。

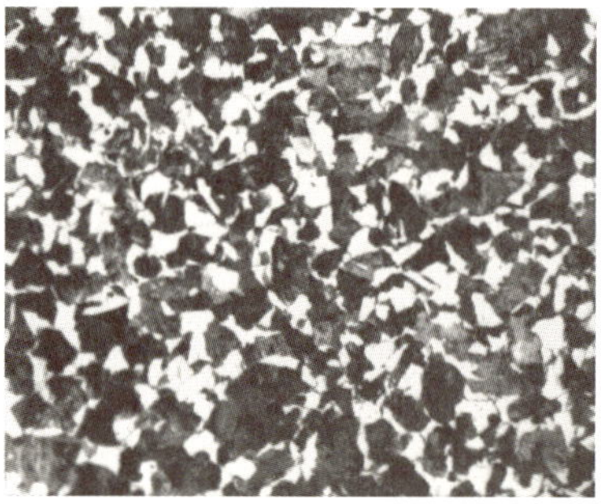

材料名称:20Cr 钢
处理过程:退火
金相组织:F+P
放大倍数:500×
浸蚀剂:3%~5%硝酸酒精

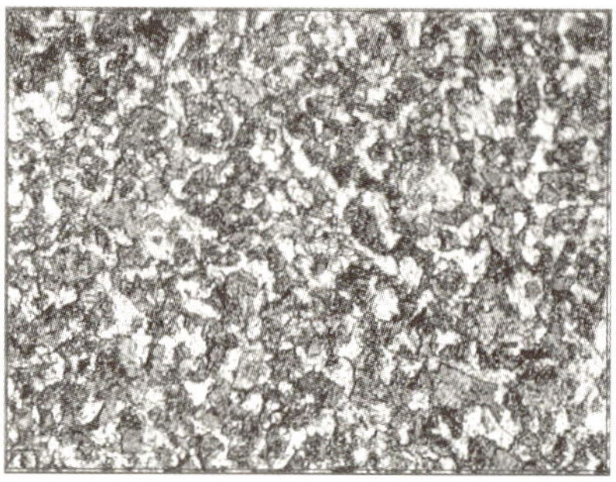

材料名称:40Cr 钢
处理过程:正火
金相组织:F+P
放大倍数:500×
浸蚀剂:3%~5%硝酸酒精

材料名称:40Cr 钢
处理过程:淬火
金相组织:片状马氏体+残余奥氏体 M+A
放大倍数:500×
浸蚀剂:3%~5%硝酸酒精

材料名称:40Cr 钢
处理过程:调质处理
金相组织:索氏体
放大倍数:500×
浸蚀剂:3%~5%硝酸酒精

材料名称:GCr15 钢
处理过程:球化退火
金相组织:粒状珠光体
放大倍数 500×
浸蚀剂:3%~5%硝酸酒精

材料名称:GCr15 钢
处理过程:淬火+回火
金相组织:M+A+Cm
放大倍数:500×
浸蚀剂:3%~5%硝酸酒精

图 5-18　低合金钢的一些热处理组织

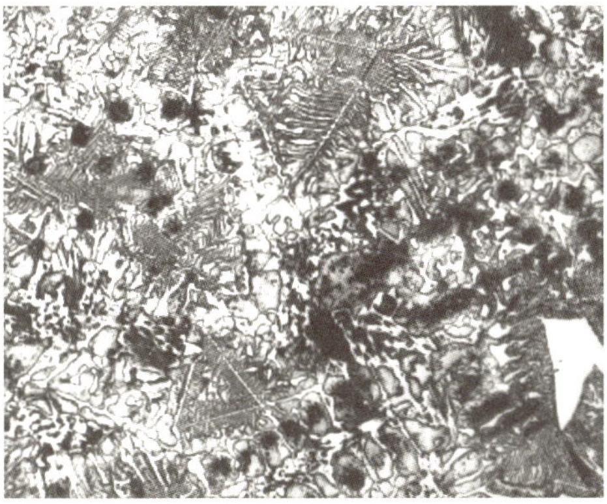

材料名称：W18Cr4V

处理过程：铸态

金相组织：一次碳化物+鱼骨状莱氏体共晶+δ共析体

放大倍数：500×

浸蚀剂：3%～5%硝酸酒精

图 5-19　W18Cr4V 钢的铸态组织

(2)高速钢的退火组织

高速钢铸态组织极不均匀，特别是共晶组织中粗大碳化物的存在，使钢的性能显著降低。因此，高速钢铸造后必须经过锻造、退火，以改善碳化物的分布状况。图 5-20 所示为 W18Cr4V 钢经锻造及退火后的显微组织，组织中呈亮白色较大块状为一次碳化物，较细小块状为二次碳化物，基体组织是索氏体。锻造退火后高速钢的显微组织是由索氏体和碳化物所组成的。

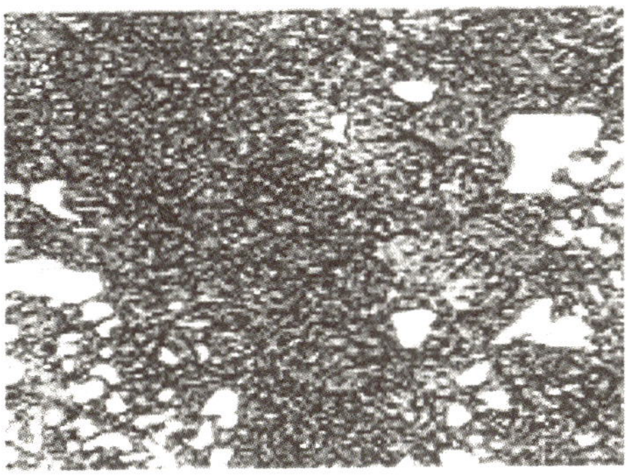

材料名称：W18Cr4V

处理过程：锻造

放大倍数：500×

浸蚀剂：3%～5%硝酸酒精

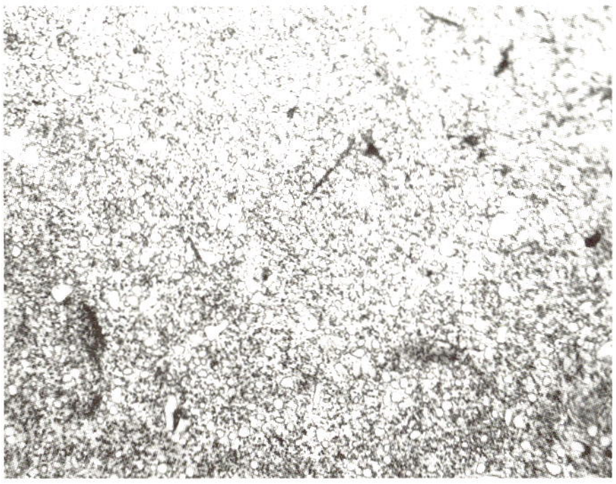

材料名称：W18Cr4V

处理过程：退火

金相组织：碳化物+索氏体

放大倍数：500×

浸蚀剂：3%～5%硝酸酒精

图 5-20　W18Cr4V 组织

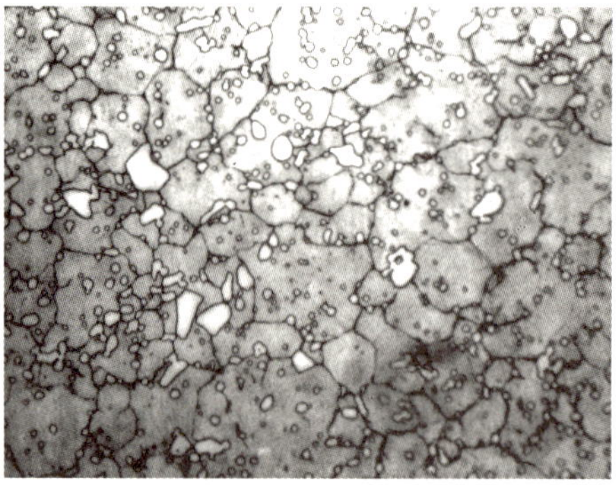

材料名称:W18Cr4V
处理过程:淬火
金相组织:隐晶马氏体+未溶碳化物+残余奥氏体
放大倍数:500×
浸蚀剂:3%~5%硝酸酒精

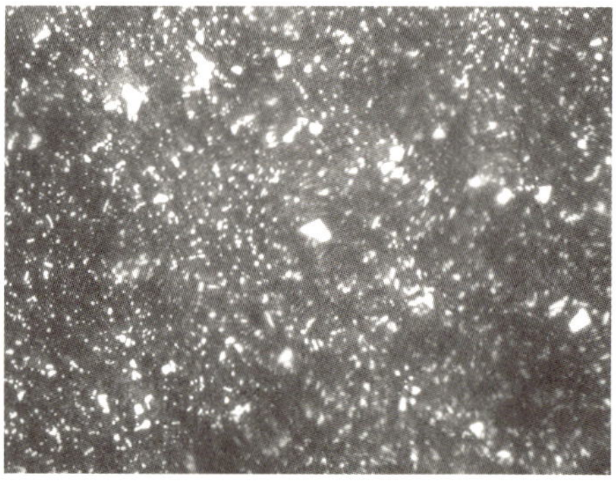

材料名称:W18Cr4V
处理过程:560 ℃三次回火
金相组织:回火马氏体+碳化物
放大倍数:500×
浸蚀剂:3%~5%硝酸酒精

图 5-20(续)

(3)高速钢淬火及回火后的组织

高速钢优良的热硬性及高的耐磨性,只有经淬火及回火后才能获得。W18Cr4V 钢通常采用较高的淬火温度(1 270~1 280 ℃)。淬火温度较高,以使奥氏体充分合金化,保证最终有高的热硬性。淬火时可在油中或空气中冷却。淬火组织为马氏体、碳化物和残余奥氏体。由于淬火组织中存在较大量(25%~30%)的残余奥氏体,一般都进行三次约 560 ℃的回火。经淬火和三次回火后,高速钢的组织为回火马氏体、碳化物和少量残余奥氏体(2%~3%)。

3. 不锈钢

不锈钢是在大气、海水及其他浸蚀性介质条件下能稳定工作的钢种,大都属于高合金钢,例如应用很广的 1Cr18Ni9 即 18-8 钢。它的碳含量较低,因为碳不利于防锈;高的铬含量是保证其耐蚀性的主要因素;镍除了进一步提高耐蚀能力以外,主要是为了获得奥氏体组织。这种钢在室温下的平衡组织是奥氏体+铁素体+(Cr,Fe)23C6。为了提高其耐蚀性以及其他性能,必须进行固溶处理。为此加热到 1050~1150 ℃,使碳化物等全部溶解,然后水冷,即可在室温下获得单一的奥氏体组织(内有孪晶),如图 5-21 所示。

但是 1Crl8Ni9 在室温下的单相奥氏体状态是过饱和的,不稳定的,若使用温度较高(450~850 ℃),从奥氏体晶界处又会有碳化铬($Cr_{23}C_6$)析出,引起晶间腐蚀。为防止晶界腐蚀的产生,一是尽量降低碳含量(低于 0.06%以下),但有限度;二是加入与碳亲和力很强的元素 Ti、Nb 等。因此出现了 1Crl8Ni9Ti、0Crl8Ni9Ti 等及更复杂牌号的奥氏体镍铬不锈钢。经加热到 1 100~1 150 ℃水冷,获得全奥氏体组织,才具有良好的抗腐蚀性能。其组织呈现出单一奥氏体晶粒,并有明显的孪晶。

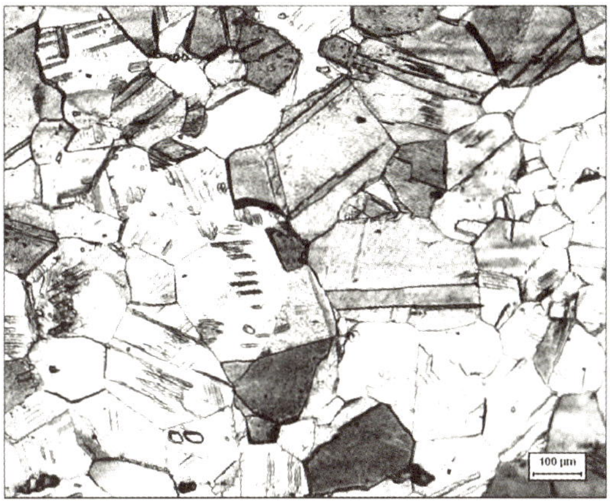

材料名称:1Cr18Ni9Ti
处理过程:固溶处理
金相组织:奥氏体
放大倍数:500×
浸蚀剂:王水

图 5-21　1Cr18Ni9Ti 组织

5.5.3　实训

1. 实训内容

(1)观察和分析常用合金钢的显微组织。

(2)熟悉常用的合金结构钢,以及滚动轴承钢、弹簧钢、渗碳钢的显微组织。

(3)熟悉常用的合金工具钢,以及刃具钢、量具钢、模具钢的显微组织。

(4)进一步加深理解不同材料的成分(合金元素)、组织和性能与工艺(不同状态)之间的关系。

2. 实验设备与材料

(1)金相显微镜;

(2)合金钢金相试样;

(3)合金钢组织图谱。

3. 实训步骤

(1)观察表 5-2 中所列试样的显微组织,搞清各组织组成物的形态特征及形成,描绘出各种合金的显微组织示意图,并标明各种组织组成物的名称。

(2)对比分析各种合金钢之间、各种有色金属之间、各种铸铁之间的显微组织的特点。

表 5-2　常用合金钢的显微组织

编号	样品名称	处理状态	腐蚀剂	金相组织
1	合金结构钢 40Cr	淬火	4%硝酸酒精	M+A

表 5-2(续)

编号	样品名称	处理状态	腐蚀剂	金相组织
2	合金调质钢 40Cr	淬火+高温回火	4%硝酸酒精	回火索氏体 S
3	合金渗碳钢 20CrMnTi	渗碳淬火	4%硝酸酒精	表层 M+A
4	合金弹簧钢 60Si2Mn	淬火+低温回火	4%硝酸酒精	回火马氏 体 M
5	滚动轴承钢 GCr15	球化退火	4%硝酸酒精	粒状珠光体 P
6	滚动轴承钢 GCr15	淬火	4%硝酸酒精	M+A
7	滚动轴承钢 GCr15	淬火+低温回火	4%硝酸酒精	回火马氏体+粒状碳化物
8	低合金工具钢 9SiCr	淬火+低温回火	4%硝酸酒精	回火 M
9	低合金工具钢 9SiCr	球化退火	4%硝酸酒精	粒状珠光体 P
10	高速钢 W18Cr4V	铸态	4%硝酸酒精	白色组织+黑色组织+莱氏体
11	高速钢 W18Cr4V	退火	4%硝酸酒精	碳化物+索氏体
12	高速钢 W18Cr4V	1 280 ℃油淬	4%硝酸酒精	马氏体+初生碳化物+残余奥氏体
13	高速钢 W18Cr4V	1 280 ℃油淬+560 ℃回火	4%硝酸酒精	回火马氏体+碳化物
14	不锈钢 1Cr18Ni9Ti	1 100 ℃固溶处理	王水	奥氏体(内有孪晶)

4. 实训报告

(1)写出实训目的。

(2)分析讨论各类合金钢组织的特点,并与相应碳钢组织做比较,同时把组织特点同性能和用途联系起来。

(3)分析元素的作用以及组织和性能的关系。

思考题

1. 合金钢与碳钢比较组织上有什么不同,性能上有什么差别,使用上有什么优越性?
2. 为什么工业上的大构件(如大型发电机转子)和小型工件(如小板牙)都必须采用合金钢制造?
3. 轴承钢为什么要用铬钢?为什么对其中的非金属夹杂的限制要特别严格?
4. 高速钢(W18Cr4V)的热处理工艺是怎样的?有何特点?
5. 描绘出几种典型组织的组织示意图。
6. 简述合金元素的加入对于钢的组织和性能的影响。
7. 简述合金钢按照用途分为几种。

第6章　金相检验

6.1　碳素工具钢的金相检验

【PPT 视频:碳素工具钢的金相检验】

6.1.1　碳素工具钢简介

碳素工具钢是用于制作刃具、模具和量具的碳素钢。与合金工具钢相比,其加工性良好,价格低廉,使用范围广泛,所以它在工具生产中用量较大。碳素工具钢分为碳素刃具钢、碳素模具钢和碳素量具钢。碳素刃具钢指用于制作切削工具的碳素工具钢,碳素模具钢指用于制作冷、热加工模具的碳素工具钢,碳素量具钢指用于制作测量工具的碳素工具钢。此类钢一般以退火状态交货,根据需方要求也可以以不退火状态交货。退火钢材的硬度、断口组织、网状碳化物、珠光体组织、试样淬火硬度、淬透性深度和钢材表面脱碳层深度应符合中国国家标准 GB/T 1299-2014 的规定。此类钢中存在网状碳化物和层片状珠光体时,容易产生淬火变形、开裂和硬度不均匀,并降低刃具耐磨性,容易引起刃具崩刃,降低刃具寿命。为了防止网状碳化物的产生,钢材要反复锻造,锻后要快速冷却。通过球化退火可使层片状珠光体中的渗碳体球化。此类钢淬火加热一般用盐浴炉,它可防止或减轻工具表层脱碳。在淬火冷却时要注意防止变形和开裂,为此一般采用分级淬火或等温淬火,有的采用高频淬火。淬火后应及时回火，以防停放时发生变形或开裂。

碳素工具钢生产成本较低，原材料来源方便；易于冷、热加工，在热处理后可获得相当高的硬度；在工作受热不高的情况下，耐磨性也较好，因而得到广泛应用。其中，高级优质碳素工具钢韧度较高，磨削时可获得较高的光洁度，适宜制造形状复杂、精度较高的工具。但是，这类钢红硬性较差，工作温度超过 250 ℃以后，硬度和耐磨性迅速下降。这类钢淬透性低，工具断面尺寸大于 15 mm 时，水淬后只有表面层得到高的硬度，故不能做大尺寸的工具。这类钢淬火温度范围窄，易过热，淬火时畸变、开裂倾向性大，且易产生软点。

碳素工具钢的碳含量范围为 0.65%~1.35%。在我国的国家标准中共有 8 个牌号碳素工具钢。其中碳含量较低的 T7 钢具有良好的韧性，但耐磨性不高，适于制作切削软材料的刃具和承受冲击负荷的工具，如木工工具、镰刀、凿子、锤子等。T8 钢具有较好的韧性和较高的硬度，适于制作冲头、剪刀，也可制作木工工具。锰含量较高的 T8Mn 钢淬透性较好，适于制作断口较大的木工工具、煤矿用凿、石工凿和要求变形小的手锯条、横纹锉刀。T10 钢耐磨性较好，应用范围较广，适于制作切削条件较差、耐磨性要求较高的金属切削工具，以及冷冲模具和测量工具，如车刀、刨刀、铣刀、搓丝板、拉丝模、刻纹凿子、卡尺和塞规等。T12 钢硬度高、耐磨性好，但是韧性低，可以用于制作不受冲击的，要求硬度高、耐磨性好的切削工具和测量工具，如刮刀、钻头、铰刀、扩孔钻、丝锥、板牙和千分尺等。T13 钢是碳素工具钢中碳含量最高的钢种，其硬度极高，但韧性低，不能承受冲击载荷，只适于制作切削高硬度材料的刃具和加工坚硬岩石的工具，如锉刀、刻刀、拉丝模具、雕刻工具等。

6.1.2 实训

1. 实训内容

观察 T10 钢球化退火欠热组织、过热组织、过烧组织。

2. 实训所需设备及材料

(1)热处理炉、金相显微镜、砂轮机、砂纸、抛光机等。

(2)T10 钢试样、浸蚀剂等。

3. 思考题

(1)描述出 T10 钢球化退火欠热组织、过热组织、过烧组织的组织特征。

(2)分析 T10 钢球化退火产生欠热、过热、过烧组织的原因。

6.2 低合金工具钢的金相检验

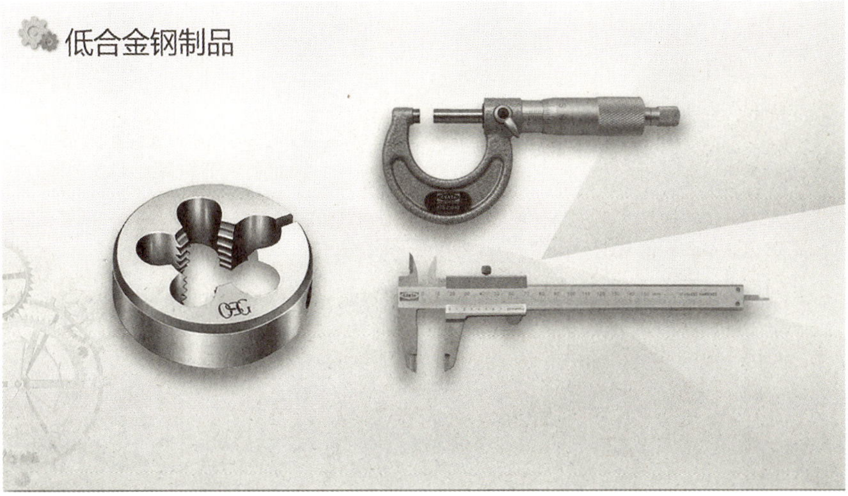

【PPT 视频:低合金工具钢的金相检验】

6.2.1 低合金工具钢简介

合金工具钢是在碳素工具钢基础上加入铬、钼、钨、钒等合金元素以提高淬透性、韧性、耐磨性和耐热性的一类钢种。它主要用于制造量具、刃具、耐冲击工具和冷、热模具及一些特殊用途的工具。

合金工具钢广泛用于制作刃具,冷、热变形模具和量具,也可用于制作柴油机燃料泵的活塞、阀门、阀座以及燃料阀喷嘴等。

合金工具钢的淬硬性、淬透性、耐磨性和韧性均比碳素工具钢高,按用途大致可分为刃具、模具和量具用钢3类。其中,碳含量高的钢(碳质量分数大于0.80%)多用于制造刃具、量具和冷作模具,这类钢淬火后的硬度在HRC60以上,且具有足够的耐磨性;碳含量中等的钢(碳质量分数在0.35%~0.70%)多用于制造热作模具,这类钢淬火后的硬度稍低,为HRC50~55,但韧性良好。

9SiCr钢是一种典型的低合金刃具用钢,常常用于制作冷作模具零件,效果很好。它比铬钢(Cr2或9Cr2)具有更高的淬透性和淬硬性并且有较高的回火稳定性,适合分级淬火或等温淬火。该钢最早引自苏联的9XC,过去曾称作9CrSi钢,其成分和性能与9XC完全一样,在我国已有很长的应用历史。外国同类钢号仅有德国的90CrSi5,瑞典的2092、SR1855和DF-1,其他国家未见有相似钢号。该钢可用于制作多种形状复杂,变形要求小的冷作模具零件。

6.2.2 实训

1. 实训内容

观察 9SiCr 钢等温淬火组织、9SiCr 钢淬火+回火组织（850 ℃加热保温后油冷淬火+180 ℃回火×1 h）。

2. 实训所需设备及材料

（1）热处理炉、金相显微镜、砂轮机、砂纸、抛光机等。

（2）9SiCr 钢试样、浸蚀剂等。

3. 思考题

（1）根据 9SiCr 钢等温淬火组织，描述典型低合金钢的组织特点。

（2）观察网状二次碳化物，并分析其产生的原因。

6.3 冷作模具钢的金相检验

【PPT 视频：冷作模具钢的金相检验】

6.3.1 冷作模具钢简介

冷作模具钢是指使金属在冷态下变形或成形所使用的模具钢。最常用的专用冷作模具钢是 Cr12 型钢，其含碳量为 1.45%~2.30%，含铬量为 11%~13%。

由于冷作模具多在常温下工作，材料的塑性变形抗力大，模具的工作应力大，工作条件苛刻，综合起来这类模具性能上一般要求高的硬度和耐磨性、足够的强度、适当的韧性。因此，冷作模具钢通常在成分上以高碳为主，以满足高硬度和高耐磨性的需要。如果为了提高模具抗冲击能力，需增加韧性时，可选用中碳钢，这时可借用热作模具钢来代替。在冷作模具钢中加入合金元素时，主要是为了提高淬透性和耐磨性；对于耐磨性要求高的模具，多采用加入碳化物形成合金,例如 Cr、Mo、W、V 等元素的多元合金钢。

从钢材类别考虑,冷作模具钢多为过共析钢和莱氏体钢,一般属于工具钢范畴。

1. 冷作模具钢的使用性能

(1)较高的耐磨性

冷作模具在工作时,表面与坯料之间产生许多次摩擦,模具在这种情况下必须仍能保持较低的表面粗糙度值和较高的尺寸精度,以防止早期失效。

(2)较高的强度和韧性

模具的强度是指模具零件在工作过程中抵抗变形和断裂的能力。强度指标是冷作模具设计和材料选择的重要依据,主要包括拉伸屈服点、压缩屈服点等。对于一般工作条件下的冷作模具,通常受到的是小能量多次冲击载荷的作用,模具的失效形式是疲劳断裂,因此模具不必具有过高的冲击韧度值。

(3)较强的抗咬合性

咬合抗力实际就是对发生“冷焊”的抵抗能力。通常在干摩擦条件下,把被试验模具钢试样与具有咬合倾向的材料(如奥氏体钢)进行恒速对偶摩擦运动,以一定速度逐渐增大载荷,此时转矩也相应增大。

(4)受热软化能力

受热软化能力反映了冷作模具钢在承载时温升对硬度、变形抗力及耐磨性的影响。表征冷作模具钢受热软化抗力的指标主要有软化温度(℃)和二次硬化硬度(HRC)。

2. 冷作模具钢的工艺性能要求

冷作模具钢的工艺性能直接关系模具的制造周期及制造成本。对冷作模具钢的工艺性能要求主要有锻造工艺性、切削工艺性、热处理工艺性等。

(1)锻造工艺性

锻造不仅减少了模具材料的机械加工余量,节约钢材,而且改善了模具材料的内部缺陷如碳化物偏析,减少了有害杂质,改善了钢的组织状态等。

为了获得良好的锻造质量,对可锻性的要求是热锻变形抗力低、塑性好、锻造温度范围宽,锻裂、冷裂及析出网状碳化物倾向小。

(2)切削工艺性

磨损小以及加工后模具表面光洁。冷作模具钢主要属于过共析钢和莱氏体钢,大多数切削加工都较困难,为了获得良好的切削加工性,需要正确进行热处理,对于表面质量要求较高的模具可选用含 S、Ca 等元素的易切削模具钢。

(3)热处理工艺性

热处理工艺性主要包括淬透性、淬硬性、耐回火性、过热敏感性、氧化脱碳倾向、淬火变形和开裂倾向等。

6.3.2 实训

1. 实训内容

观察 Cr12 钢淬火组织、Cr12 钢淬火+回火组织,观察 Cr12 钢带有网状碳化物的组织。

2. 实训所需设备及材料

(1)热处理炉、金相显微镜、砂轮机、砂纸、抛光机等。

(2)Cr12 钢试样、浸蚀剂等。

3. 思考题

(1)描述 Cr12 钢淬火、回火的组织特点。

(2)观察 Cr12 型钢的缺陷组织——网状碳化物,并分析其产生的原因。

6.4　热作模具钢的金相检验

热作磨具钢的材料

常用热作模具钢的化学成分(质量分数,%)

钢号	C	Si	Mn	Cr	W	Mo	其他元素
5CrMnMo	0.50~0.60	0.25~0.60	1.26~1.60	0.60~0.90	—	0.15~0.30	—
5CrNiMo	0.50~0.60	≤0.40	0.50~0.60	0.50~0.80	—	0.15~0.30	Ni 1.40~1.60
3Cr2W8V	0.30~0.40	≤0.40	≤0.40	2.20~2.70	7.50~9.00	—	V 0.20~0.50

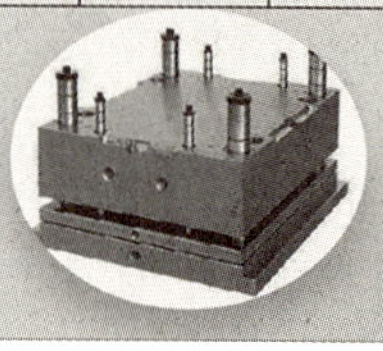

【PPT 视频:热作模具钢的金相检验】

6.4.1　热作模具钢简介

热作模具钢是指适于制作对金属进行热变形加工的模具用的合金工具钢,如热锻模、热挤压模、压铸模、热镦模等。由于热作模具长时间处于高温高压条件下工作,因此,要求模具材料具有高的强度、硬度及热稳定性,特别是应有高热强性、热疲劳性、韧性和耐磨性。常见的热作模具钢如 5CrMnMo 和 5CrNiMo。

热作模具在工作时承受很大的冲击力,模腔和高温金属接触,反复地加热和冷却,使用条件极其恶劣。为了满足热作模具的使用要求,热作模具钢应具备下列基本特性:

(1)较高的高温强度和良好的韧性。热作模具,尤其是热锻模,工作时承受很大的冲击力,而且冲击频率很高,如果模具没有高的强度和良好的韧性,就容易开裂。

(2)良好的耐磨性能,由于热作模具工作时除受到毛坯变形时产生摩擦磨损之外,还受到高温氧化腐蚀和氧化铁屑的研磨,所以需要热作模具钢有较高的硬度和抗黏附性。

(3)高的热稳定性。热稳定性是指钢材在高温下可长时间保持其常温力学性能的能力。热作模具工作时,接触的是炽热的金属,甚至是液态金属,所以模具表面温度很高,一般为400~700 ℃。这就要求热作模具钢在高温下不发生热化，具有高的热稳定性，否则模具就会发生塑性变形，造成堆塌而失效。

(4)优良的耐热疲劳性，热作模具的工作特点是反复受热受冷，模具一时受热膨胀，一时又冷却收缩，形成很大的热应力，而且这种热应力是方向相反、交替产生的。在反复热应力作用下，模具表面会形成网状裂纹(龟裂)，这种现象称为热疲劳，模具因热疲劳而过早地断裂，是热作模具失效的主要原因之一。所以热作模具钢必须要有良好的热疲劳性。

(5)高淬透性。热作模具一般尺寸较大，尤其是热锻模，为了使整个模具截面的力学性能均匀，这就要求热作模具钢有高的淬透性能。

(6)良好的导热性。为了使模具不致积热过多，导致力学性能下降，要尽可能降低模面温度，减小模具内部的温差，这就要求热作模具钢要有良好的导热性能。

(7)良好的成形加工工艺性能，以满足加工成形的需要。

热作模具钢的分类方法很多，可以按用途分，可以根据合金元素含量及热处理后的性能分类，也可以按合金元素分类。

(1)按用途可分为热锻模用钢、热挤压模用钢、压铸模用钢、热冲裁模用钢。

(2)按耐热性可分为低耐热钢(350~370 ℃)、中耐热钢(550~600 ℃)、高耐热钢。

(3)按特有性能分为高韧性热作模具钢、高热强热作模具钢、高耐磨热作模具钢。

(4)按合金元素可分为低合金热作模具钢(钨系、铬系和钼系)、中合金热作模具钢和高合金热作模具钢(钨钼系和铬钼系)；或分为钨系热模钢、铬系热模钢及铬钨钼系热模钢。铬钨系高合金热作模具钢的高温强度及热稳定性不及钨钼系，而冷热疲劳抗力及韧性比钨钼系高。

6.4.2 实训

1. 实训内容

观察5CrNiMo钢淬火组织、5CrNiMo钢退火组织，观察5CrNiMo钢900 ℃加热保温后炉冷后的退火组织。

2. 实训所需设备及材料

(1)热处理炉、金相显微镜、砂轮机、砂纸、抛光机等。

(2)5CrNiMo钢试样、浸蚀剂等。

3. 思考题

(1)描述5CrNiMo钢淬火、退火的组织特点。

(2)观察5CrNiMo钢的缺陷组织——带状组织、偏析，并分析该种缺陷导致的后果。

6.5 高速钢的金相检验

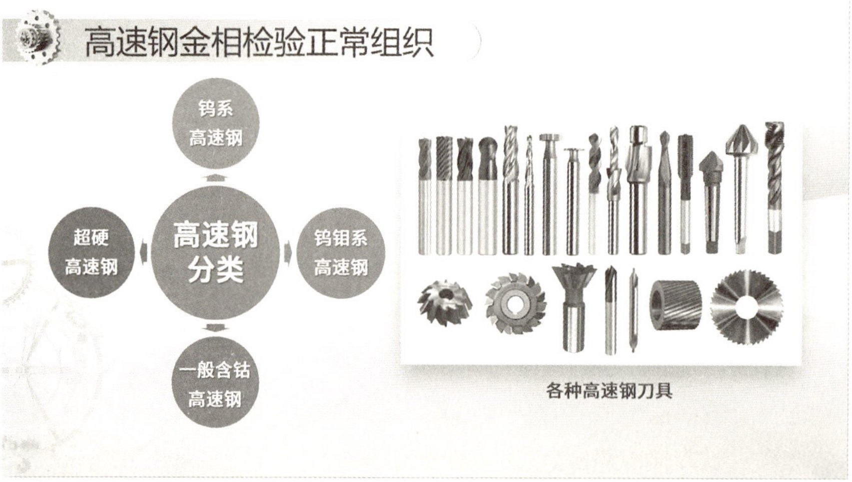

【PPT 视频:高速钢的金相检验】

6.5.1 高速钢简介

高速钢(HSS)是一种具有高硬度、高耐磨性和高耐热性的工具钢,又称高速工具钢或锋钢,俗称白钢。

高速钢的工艺性能好,强度和韧性配合好,因此主要用来制造复杂的薄刃和耐冲击的金属切削刀具,也可制造高温轴承和冷挤压模具等。除用熔炼方法生产的高速钢外,20 世纪 60 年代以后又出现了粉末冶金高速钢。它的优点是避免了熔炼法生产所造成的碳化物偏析而引起的机械性能降低和热处理变形。

高速钢是一种复杂的钢种,含碳量一般在 0.70%~1.65%。含合金元素量较多,总量可达 10%~25%。

按所含合金元素不同可分为:

(1)钨系高速钢(含钨 9%~18%);

(2)钨钼系高速钢(含钨 5%~12%,含钼 2%~6%);

(3)高钼系高速钢(含钨 0~2%,含钼 5%~10%);

(4)钒高速钢,按含钒量的不同又分一般含钒量(含钒 1%~2%)高速钢和高含钒量(含钒 2.5%~5%)高速钢;

(5)钴高速钢(含钴 5%~10%)。

按用途不同高速钢又可分为通用型和特殊用途两种。

6.5.2 实训

1. 实训内容

观察 W18Cr4V 钢铸态组织、W18Cr4V 钢锻后退火组织、W18Cr4V 钢淬火组织，观察 W18Cr4V 钢淬火欠热组织、过热组织、过烧组织。

2. 实训所需设备及材料

(1)热处理炉、金相显微镜、砂轮机、砂纸、抛光机等。

(2)W18Cr4V 钢试样、浸蚀剂等。

3. 思考题

(1)描述 W18Cr4V 钢铸态组织，W18Cr4V 钢淬火、退火的组织特点。

(2)观察 W18Cr4V 钢的缺陷组织——欠热、过热、过烧组织，并描述其组织特征。

6.6 铸钢的金相检验

【PPT 视频：铸钢的金相检验】

6.6.1 铸钢简介

铸钢(cast steel)是指专用于制造钢质铸件的钢材。当铸件的强度要求较高、采用铸铁不能满足要求时应采用铸钢。但铸钢的钢水流动性不如铸铁，故浇注结构的厚度不能太小，形状亦不应太复杂。将含硅量控制在上限值时可改善钢水的流动性。铸钢按品种和用途可分为一般工程用铸钢、焊接结构用铸钢、不锈钢铸钢、耐热钢铸钢。

铸钢是铸造合金的一种，以铁、碳为主要元素，含碳量在 0~2%。

铸钢按化学成分可以分为铸造碳钢和铸造合金钢。

(1)铸造碳钢

以碳为主要合金元素并含有少量其他元素的铸钢。铸造碳钢又可以分为铸造低碳钢、铸造中碳钢和铸造高碳钢。铸造低碳钢的含碳量小于0.25%,铸造中碳钢的含碳量在0.25%~0.60%,铸造高碳钢的含碳量在0.6%~3.0%。铸造碳钢的强度、硬度随含碳量的增加而提高。

铸造碳钢具有以下优点:生产成本较低、强度较高、韧性较好和塑性较强。

铸造碳钢可应用于制造承受大负荷的零件,比如重型机械中的轧钢机机架、水压机底座等。其也可用于制造受力大又承受冲击的零件,比如铁路车辆上的车轮、车钩、摇枕和侧架等。

(2)铸造合金钢

铸造合金钢可以分为铸造低合金钢(合金元素总量小于等于5%)、铸造中合金钢(合金元素总量在5%~10%)和铸造高合金钢(合金元素总量在大于等于10%)。

铸钢按使用特性可以分为以下4类。

(1)铸造工具钢

铸造工具钢又可以分为铸造刀具钢和铸造模具钢。

(2)铸造特殊钢

铸造特殊钢可以分为铸造不锈钢、铸造耐热钢、铸造耐磨钢、铸造镍基合金等。

(3)工程与结构用铸钢

工程与结构用铸钢可以分为铸造碳素结构钢和铸造合金结构钢。

(4)铸造合金钢

铸造合金钢可以分为铸造低合金钢、铸造中合金钢和铸造高合金钢。

钢铸件具有如下优点。

(1)更大的设计灵活性

这种设计使铸件在形状和大小方面有更多的选择,尤其是复杂的形状和空心部分,而且钢铸件可以由核心铸件的独特工艺制造,易成型、易改变形状并可以快速根据图纸制作出成品,可以提供快速响应并缩短交货时间。

(2)冶金制造中具有最强的灵活性和可变性

可以选择不同的化学成分和组织结构来满足不同项目的需求。不同的热处理工艺可以选择力学性能,而且可在大范围内使用该属性并提高可焊性和可使用性。

(3)提高整体结构强度

由于项目可靠性高,再加上减重设计和较短的交货时间,可在价格和经济方面提高竞争优势。

(4)大范围的重量变化

小型钢铸件有可能仅有10 g,而大型钢铸件可达数吨、几十甚至数百吨。

6.6.2 实训

1. 实训内容

观察 ZG230-450 钢铸态组织、ZG25Mo 钢正火组织。

2. 实训所需设备及材料

(1)热处理炉、金相显微镜、砂轮机、砂纸、抛光机等。

(2)ZG230-450 钢试样、ZG25Mo 钢试样、浸蚀剂等。

3. 思考题

(1)描述 ZG230-450 钢铸态组织、ZG25Mo 钢正火组织的特点。

(2)阐述魏氏组织的危害性。

6.7 铸造高锰钢的金相检验

【PPT 视频:铸造高锰钢的金相检验】

6.7.1 铸造高锰钢简介

高锰钢(hadfield steel)是指含锰量在 10%以上的合金钢。高锰钢经过固溶处理后还会有少量的碳化物未溶解,当其数量较少符合检验标准时,仍可使用。

高锰钢是专为重工业提供使用的一种防磨钢材,应用领域包括采石、采矿、挖掘、煤炭工业、铸造和钢铁行业等。

耐磨钢,这类钢含锰量为 10%~15%,含碳量较高,一般为 0.90%~1.50%,大部分在 1.0%以上。这类高锰钢的用量最多,常用来制作挖掘机的铲齿、圆锥式破碎机的轧面壁和破碎壁、颚式破碎机岔板、球磨机衬板、铁路辙岔、板锤、锤头等。

上述成分的高锰钢的铸态组织通常由奥氏体、碳化物和珠光体所组成,有时还含有少量的磷共晶。碳化物数量多时,常在晶界上呈网状出现。因此铸态组织的高锰钢很脆,无法使用,通常需要用热处理方法进行固溶处理。即将钢加热到 1 050~1 100 ℃,保温消除铸态组织,得到单相奥氏体组织,然后水淬,使此种组织保持到常温。热处理后钢的强度、塑性和韧性均大幅度提高,所以此种热处理方法也常称为水韧处理。

低冲击载荷时,硬度可以达到 HB300 ~ HB400;高冲击载荷时,可以达到 HB500 ~ HB800。随冲击载荷的不同,表面硬化层深度可达 10~20 mm。高硬度的硬化层可以抵抗冲击磨料磨损。高锰钢在强冲击磨料磨损条件下,有优异的抗磨性能,故常用于在矿山、建材、火电等机械设备中制作耐磨件。在低冲击工况条件下,因加工硬化效果不明显,高锰钢不能发挥材料的特性。

中国常用的高锰钢的牌号及其适用范围是:ZGMn13-1(C 1.10%~1.50%)用于低冲击件;ZGMn13-2(C 1.00%~1.40%)用于普通件;ZGMn13-3(C 0.90%~1.30%)用于复杂件;ZGMn13-4(C 0.90%~1.20%)用于高冲击件。以上 4 种牌号钢的锰含量均为 11.0%~14.0%。

无磁钢,这类钢含锰量大于 17%,含碳量一般在 1.0%以下,常在电机工业中用于制作护环等。这类钢的密度为 7.87~7.98 g/cm^3。由于其碳、锰含量均高,导热能力差,导热系数为 12.979 W/(m · ℃),约为碳素钢的 1/3。由于钢是奥氏体组织,无磁性,其磁导率为 1.003~1.03 H/m。

6.7.2 实训

1. 实训内容

观察 ZGMn13 钢铸态组织、ZGMn13 钢水韧处理组织。

2. 实训所需设备及材料

(1)热处理炉、金相显微镜、砂轮机、砂纸、抛光机等。

(2)ZGMn13 钢试样、浸蚀剂等。

3. 思考题

(1)描述 ZGMn13 钢铸态组织、ZGMn13 钢水韧处理组织的特点。

(2)什么是高锰钢水韧处理?

(3)高锰钢的应用场景有哪些?

6.8 灰铸铁石墨、基体的金相检验

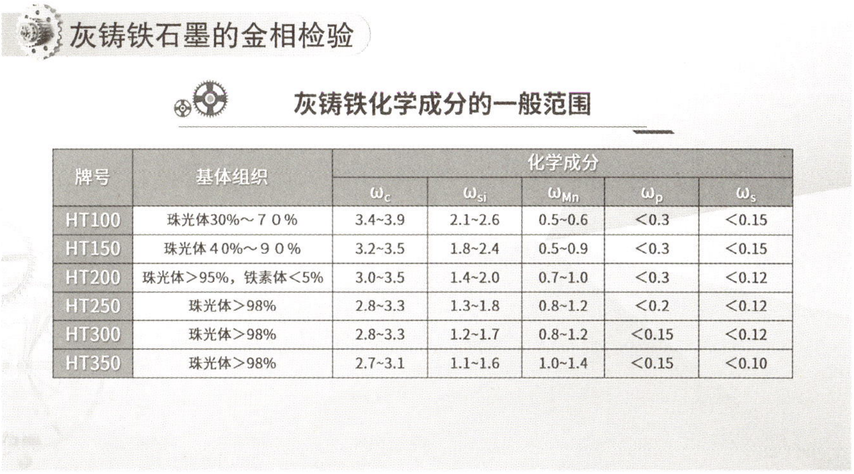

灰铸铁石墨的金相检验

灰铸铁化学成分的一般范围

牌号	基体组织	化学成分				
		ω_c	ω_{si}	ω_{Mn}	ω_p	ω_s
HT100	珠光体30%～70%	3.4~3.9	2.1~2.6	0.5~0.6	<0.3	<0.15
HT150	珠光体40%～90%	3.2~3.5	1.8~2.4	0.5~0.9	<0.3	<0.15
HT200	珠光体>95%，铁素体<5%	3.0~3.5	1.4~2.0	0.7~1.0	<0.3	<0.12
HT250	珠光体>98%	2.8~3.3	1.3~1.8	0.8~1.2	<0.2	<0.12
HT300	珠光体>98%	2.8~3.3	1.2~1.7	0.8~1.2	<0.15	<0.12
HT350	珠光体>98%	2.7~3.1	1.1~1.6	1.0~1.4	<0.15	<0.10

【PPT 视频:灰铸铁石墨的金相检验】

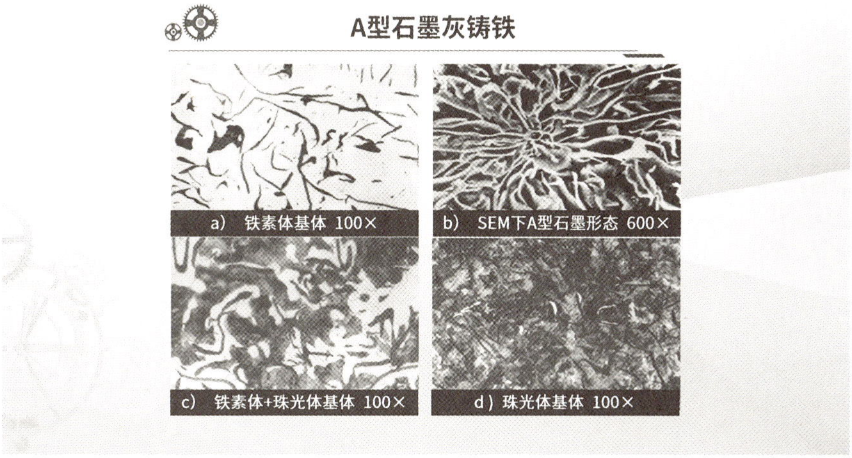

【PPT 视频:灰铸铁基体的金相检验】

6.8.1 灰铸铁简介

灰铸铁是指具有片状石墨的铸铁，因断裂时断口呈暗灰色，故称为灰铸铁。其主要成分是铁、碳、硅、锰、硫、磷，是应用最广的铸铁，其产量占铸铁总产量的80%以上。

根据石墨的形态，灰铸铁可分为：普通灰铸铁，石墨呈片状；球墨铸铁，石墨呈球状；可锻铸铁，石墨成团絮状；蠕墨铸铁，石墨呈蠕虫状。

灰铸铁是铸铁的一种，碳以片状石墨形式存在于铸铁中，断口呈灰色，有良好的铸造、切削性能，耐磨性好，常用于制造机架、箱体等。灰铸铁石墨呈片状，有效承载面积比较小，石墨尖端易产生应力集中，所以灰铸铁的强度、塑性、韧度都低于其他铸铁。但其具有优良的减振性、低的缺口敏感性和高的耐磨性。

灰铸铁含碳量较高(2.7%~4.0%)，可看成是碳钢的基体加片状石墨。灰铸铁按基体组织的不同可分为三类：铁素体基体灰铸铁、珠光体基体灰铸铁、铁素体-珠光体基体灰铸铁。

铁素体灰基体铸铁在铁素体的基体上分布着多而粗大的石墨片，其强度、硬度均差，很少被应用。

珠光体基体灰铸铁在珠光体的基体上分布着均匀、细小的石墨片，其强度、硬度相对较高，常用于制造床身、机体等重要件；

铁素体-珠光体基体灰铸铁在铁素体和珠光体混合的基体上分布着较为粗大的石墨片，此种铸铁的强度、硬度尽管比珠光体灰铸铁低，但仍可满足一般机体要求，其铸造性、减震性均佳，且便于熔炼，是应用最广的灰铸铁。

灰铸铁显微组织的不同，实质上是碳在铸铁中存在形式的不同。灰铸铁中的碳有化合碳(Fe_3C)和石墨碳两种。化合碳为0.8%时，属珠光体基体灰铸铁；化合碳小于0.8%时，属铁素体-珠光体基体灰铸铁；全部碳都以石墨状态存在时，则为铁素体基体灰铸铁。

灰铸铁的力学性能与基体的组织和石墨的形态有关。灰铸铁中的片状石墨对基体的割裂严重，在石墨尖角处易造成应力集中，使灰铸铁的抗拉强度、塑性和韧性远低于钢，但其抗压强度与钢相当，也是常用铸铁件中力学性能最差的铸铁。同时，基体组织对灰铸铁的力学性能也有一定的影响，铁素体基体灰铸铁的石墨片粗大，强度和硬度最低，故应用较少；珠光体基体灰铸铁的石墨片细小，有较高的强度和硬度，主要用来制造较重要铸件；铁素体-珠光体基体灰铸铁的石墨片较珠光体基体灰铸铁稍粗大，性能不如珠光体基体灰铸铁。故工业上较多使用的是珠光体基体灰铸铁。

灰铸铁具有良好的铸造性能、良好的减振性能、良好的耐磨性能、良好的切削加工性能和低的缺口敏感性。

6.8.2 实训

1. 实训内容

观察并掌握灰铸铁的石墨分布形态。

2. 实训所需设备及材料

石墨分布形态图片。

3. 思考题

(1)描述出6种铸铁的石墨分布形态的特征。

(2)了解灰铸铁的石墨长度测定方法。

6.8.3　实训

1. 实训内容

观察并掌握灰铸铁的铁素体基体、珠光体基体、铁素体-珠光体基体组织。

2. 实训所需设备及材料

铸铁基本组织图片。

3. 思考题

(1)描述出铁素体基体、珠光体基体、铁素体-珠光体基体组织的特征。

(2)了解珠光体数量的评定。

(3)了解缺陷相(碳化物和磷共晶)数量的评定。

6.9　钢件感应淬火金相检验

【PPT 视频:钢件感应淬火的金相检验】

6.9.1　感应淬火简介

感应淬火就是利用电磁感应在工件内产生涡流而将工件进行加热。

感应淬火的优点如下:

(1)热源在工件表层,加热速度快,热效率高。

(2)工件因不是整体加热,变形小。

(3)工件加热时间短,表面氧化脱碳量少。

(4)工件表面硬度高,缺口敏感性小,冲击韧性、疲劳强度以及耐磨性等均有很大提高,有利于发挥材料的潜力,节约材料消耗,提高零件使用寿命。

(5)设备紧凑,使用方便,劳动条件好。

(6)便于机械化和自动化。

(7)不仅可用在表面淬火还可用在穿透加热与化学热处理等操作中。

感应淬火设备一般为感应淬火机床,由感应电源、负载线、电容器、变压器、感应器、机床几部分组成。

感应淬火类型分为工频、低频、中频、超音频、高频、超高频几种,根据淬硬层深度需要来选择适用频率。淬硬层深度越大,所需频率越低;反之,则越高。

6.9.2 实训

1. 实训内容

了解金相法测定硬化层深度;观察淬火组织并掌握显微组织分级。

2. 实训所需设备及材料

显微组织分级图片。

3. 思考题

(1)如何运用金相法测定硬化层深度。

(2)描述淬火后显微组织分级各级的组织特征。

6.10 高碳铬轴承钢球化组织评定

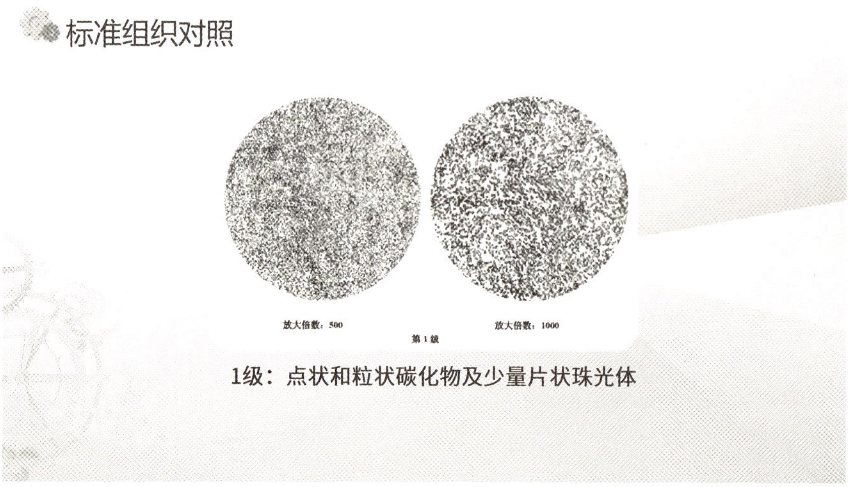

【PPT 视频:高碳铬轴承钢球化组织评定】

6.10.1 球化退火组织检验简介

冶金产品的铬轴承钢一般采用不完全退火进行球化处理,即将钢材加热到稍高于 Ac1 温度,然后控制适当的保温时间和冷却速度,使钢材退火后,得到合格的球化组织。

球化退火是符合相变规律的,在加热和保温阶段,碳化物逐渐溶解、奥氏体形成。在一定的保温时间内，奥氏体成分不够均匀，形成许多浓度峰。冷却时，发生碳化物析集，在碳化物的生核和长大过程中，大量未溶的碳化物质点是碳化物析出的非自发核心，而奥氏体不均匀地区的浓度峰则是碳化物核心的产地。冷却过程中形成稳定的碳化物晶核，继而形成的碳化物则处于均衡状态。表面能最低的等轴的球状分布在铁素体的基体上。

球化组织评级步骤：

（1）检验球化组织试样是在交货状态下（即退火）每批取两个试样，截取横向试样进行检验。

（2）试样制备好后，经2%~4%硝酸酒精溶液浸蚀，以显示清晰为止。

（3）将已浸蚀好的试样，在500倍金相显微镜下观察，并参考评级图片进行评定。

6.10.2 实训

1. 实训内容

参照评级图，评定GCr15钢试样的球化组织。

2. 实训所需设备及材料

（1）热处理炉、金相显微镜、砂轮机、砂纸、抛光机等。

（2）GCr15钢试样、浸蚀剂等。

3. 思考题

（1）球化退火不良组织有哪些，其产生的原因是什么？

（2）熟悉球化退火的评级图，描述出每一级的组织特征。

6.11 中碳钢与中碳合金钢马氏体评级

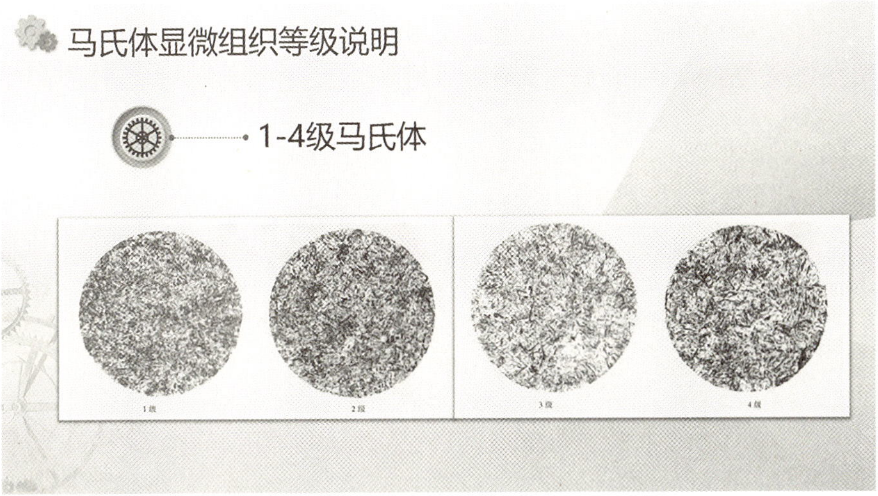

【PPT视频：中碳钢与中碳合金钢马氏体评级】

6.11.1 中碳钢简介

钢按化学成分可分为碳素钢和合金钢两大类。碳素钢又分为：

(1)低碳钢，含碳量小于0.25%；

(2)中碳钢，含碳量为0.25%~0.60%；

(3)高碳钢，含碳量大于0.6%。

中碳钢热加工及切削性能良好，焊接性能较差。其强度、硬度比低碳钢高，而塑性和韧性低于低碳钢，可不经热处理，直接使用冷轧材、冷拉材，亦可经热处理后使用。淬火、回火后的中碳钢具有良好的综合力学性能，能够达到的最高硬度约为HRC55(HB538)，抗拉强度 σ_b 为600~1 100 MPa。所以在中等强度水平的各种用途中，中碳钢得到最广泛的应用，除作为建筑材料外，还大量用于制造各种机械零件。

中碳钢属于亚共析钢，其退火组织为珠光体和铁素体。随着钢中碳含量的增加，组织中珠光体数量增加，而铁素体数量减少。碳含量大于0.40%的钢淬火组织为马氏体；碳含量大于0.40%时，除了马氏体外还有少量残留奥氏体，残留奥氏体数量随着钢中碳含量的增加而增加。

6.11.2 实训

1. 实训内容

参照评级图，评定45钢试样的马氏体组织。

2. 实训所需设备及材料

(1)热处理炉、金相显微镜、砂轮机、砂纸、抛光机等。

(2)45钢试样，浸蚀剂等。

3. 思考题

(1)掌握8个级别的马氏体组织性能和应用范围。

(2)会根据评级图评定中碳钢马氏体的级别。

6.12 奥氏体晶粒度的显示与测定

【PPT视频:金属平均晶粒度的测定】

6.12.1 奥氏体晶粒度的概念

金属及合金的晶粒大小与金属材料的机械性能、工艺性能及物理性能有密切的关系。细晶粒金属材料的机械性能、工艺性能均比较好,它的冲击韧性和强度都较高,在热处理和淬火时不易变形和开裂。所以生产中常需测定奥氏体晶粒大小,以保证产品质量。金属材料的晶粒大小与浇铸工艺、冷热加工变形程度和退火温度等有关。

对钢来说,如不特别指明,晶粒度一般是指奥氏体化后的实际晶粒度。根据奥氏体形成过程和晶粒长大的不同情况,钢中奥氏体晶粒度有三种:

(1)起始晶粒度;

(2)实际晶粒度;

(3)本质晶粒度。

6.12.2 奥氏体晶粒的显示方法

钢中晶粒度的测定分为本质晶粒度的测定和实际晶粒度的测定。晶粒度的测定包括两个步骤,即晶粒的显示和晶粒尺寸的测定或评级。晶粒的显示是晶粒测定的先决条件,常用的显示方法如下:

(1)渗碳法;

(2)网状铁素体法;

(3)氧化法;

(4)直接法淬火;

(5)网状渗碳体法;

(6)网状托氏体法。

6.12.3 奥氏体晶粒度的评定

根据我国国家标准 GB/T 6394—2017 规定,评定奥氏体晶粒大小的方法有以下几种。

1. 比较法

比较法是通过奥氏体实际晶粒大小与标准的评级图(×100)对比后评定奥氏体晶粒度级别。图 6-1 是钢的晶粒度标准级别图。奥氏体标准晶粒度分为 8 级,其中 1 级最粗,8 级最细。

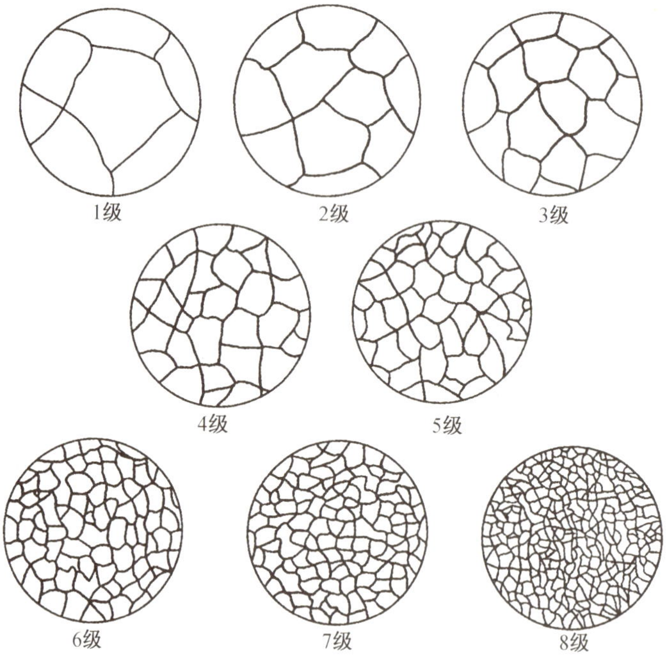

图 6-1 钢的晶粒度标准级别图

选用比较法测定晶粒度时,是先将制备好的试样在放大 100 倍的显微镜下全面观察晶粒,然后选择晶粒度具有代表性的视场与标准级别图比较,当二者大小相同时,试样的晶粒度就是标准级别图上所标定的级别。

2. 面积法

面积法是通过统计给定面积内晶粒数 n 来测定晶粒度的。

(1)晶粒数 n 的统计

将已知面积的圆形测量网格置于晶粒图像上,选用视场内至少能获得 50 个晶粒的放大倍数,然后统计完全落在测量网格内的晶粒数 n_1 和被网格所切割的晶粒数 n_2。于是,该面积范围内的晶粒计数

$$n=n_1+\frac{1}{2}n_2$$

通过 n，可由下式求出试样检验面上每平方毫米内的晶粒数为

$$n_a = \frac{M^2 n}{A}$$

式中 M——观测用的放大倍数；

n——所使用的测量网格内的晶粒计数；

A——所使用的测量网格面积，mm^2。

为了简化计算，常用 5 000 mm^2 面积的测量网格

$$n_a = 0.002 \times M^2 n$$

式中 n——观测用的放大倍数；

M——5 000 mm^2 测量网格内晶粒计数。

②晶粒度级别指数 G 的计算为

$$G = 2.954\ 295\ 42 + 3.321\ 9\lg n_a$$

式中 n_a——试样检验面上每平方毫米内的晶粒数。

3. 截点法

统计已知长度的试验线段（或网格）与晶粒界面相交截点数 P，利用单位长度的截点数来确定晶粒度级别数 G。

截点法包括直线截点法、单圆截点法和三圆截点法。非均匀等轴晶粒的各种组织应使用截点法测量。

截点法通过测平均截距计算平均晶粒度级别 G，使用 500 mm 测量网格。

(1) 直线截点法

选择适当的网格长度及放大倍数，最少截取 50 个点。

计点方法：终点接触到晶界计 0.5，线段与晶界相切计 1，与三晶粒汇合点重合计 1.5；应选择 3~5 个视场测量。

(2) 单圆截点法

试样不同位置晶粒度有明显差别时使用，圆网格的周长通常为 100 mm、200 mm、250 mm，选择合适的放大倍数，使每个圆周产生 35 个左右截点，网格通过三个晶粒汇合点时计 2 个截点。

(3) 三圆截点法

若用一个数表示，则这种晶粒度级别占 90%以上。

若采用跨两个或三个级别的方式进行标记，则晶粒度不均匀。如 7~8 级或 7~5 级，前一个数字表示的晶粒度级别占晶粒的大多数，后一个数字表示的晶粒度级别占晶粒的少数。

6.12.4 实训

1. 实训内容

采用网状渗碳体法显示奥氏体晶粒，采用比较法评定奥氏体晶粒度。

2. 实训所需设备及材料

(1)金相显微镜、热处理炉、制样设。

(2)实验材料:T12 钢。

3. 实验内容及步骤

(1)本实验采用网状渗碳体法显示奥氏体晶粒,采用比较法评定奥氏体晶粒度。

(2)试样采用特定的温度:850 ℃、900 ℃、950 ℃、1 000 ℃、1 050 ℃,保温 40 min 后随炉冷却至 550 ℃以下出炉空冷。

(3)制备试样。

(4)在放大 100 倍的金相显微镜下观察金相试样在各温度下奥氏体晶粒度显示清晰部位,与标准的评级图(×100)对比评定出奥氏体晶粒度。

(5)每位同学领一块试样,观察并测量。然后与其他同学的试样及评定结果比较,做好记录。

4. 实验报告要求

(1)写出本实验的目的、原理和操作要点。

(2)比较各温度下奥氏体晶粒度(画表)。

(3)画出各温度下奥氏体晶粒大小示意图。

(4)画出温度-晶粒度关系曲线,并对实验所得数据进行讨论和分析。

5. 思考题

(1)说明奥氏体晶粒随温度升高而长大的原因。

(2)如何控制奥氏体晶粒大小?

(3)碳和合金元素对奥氏体晶粒大小的影响?

××××实验室

钢的奥氏体晶粒度分析原始记录单

编码：

委托单编号		委托单位	
来样状态		检验日期	
生产单位		供货单位	
测试仪器		生产厂家	
仪器型号		仪器编号	
检定单位		检定有效期	
试验方法依据			
评定级别依据			
判定标准依据			

试样编号	材质	规格	炉号	试样热处理温度/℃	保温时间	显示晶粒边界方法	晶粒度级别
	标准要求						

备　　注	

检验者：　　　　校核者：

6.13 显微硬度法测定渗碳层厚度

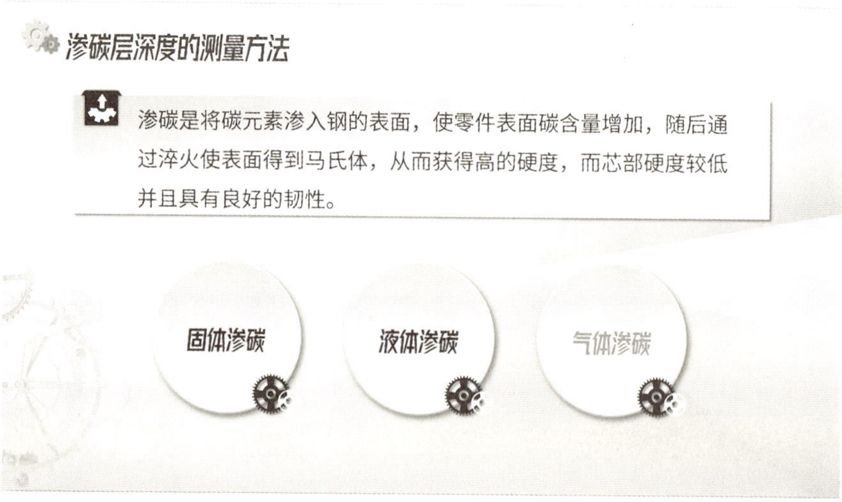

【视频:钢铁零件渗碳层深度的测定】

6.13.1 渗碳

渗碳是将钢件置于渗碳介质中,加热到单相奥氏体区,保温一定时间使碳原子渗入钢件表面层的热处理工艺。

目的:经过渗碳处理的钢件在经过适当的淬火和回火处理后,既能获得硬而耐磨的表面,又能保持心部一定的韧性和强度。渗碳处理主要用于受严重磨损和较大冲击载荷的零件,如齿轮、曲轴、凸轮轴等。

渗碳工艺:将渗碳件置入具有活性炭气氛中加热到 860~930 ℃,保温一定时间,再将渗碳后的钢件按照性能要求不同,进行不同的热处理工艺,有直接淬火、一次淬火和二次淬火三种。进行渗碳的钢材一般都是碳的质量分数小于 0.3%的低碳钢或低碳合金钢。根据钢件的性能要求决定,一般渗碳层厚度为 1 mm 左右。

分类:按照渗碳介质的状态,可分为固体渗碳、液体渗碳和气体渗碳三种。

根据我国国家标准 GB/T 9450—2005,渗碳层厚度的测定可采用金相法和显微硬度法。

金相法是将渗碳件制备成金相样品,在显微镜下通过测微目镜测量渗碳层的深度。对于合金渗碳钢是从表面测量至刚出现钢材的原始组织为止;对于碳钢和低碳合金钢,从表面测量至过渡层的 1/2 处为止(碳的质量分数约为 0.45%)。

本实验采用显微硬度法,即在显微镜下从试样边缘起测量显微硬度值的分布梯度,从表面量到刚出现钢材的原始组织为止,有效硬化层用 DC 表示,从试样边缘起测量显微硬度值为 550HV 处的垂直距离。有效淬硬层深度大于 0.3 mm 的零件合格,即 CHD550HV1 = 0.3 mm。对于薄层试样,硬度法测定试验力较小,规定为 1.96~2.94 N。

6.13.2 实训

1. 实训内容

采用显微硬度法测定渗碳层的厚度。

2. 实训所需设备及材料

(1)金相显微镜、显微硬度计、砂轮机、镶样机、抛光机等。

(2)20 钢渗碳试样、浸蚀剂等。

6.13.3 实验方法及步骤

(1)按照金相试样制备方法制备试样。

(2)用金相显微镜分别观察试样渗碳后的显微组织。

(3)用显微硬度计测定从零件表面到出现钢材的原始组织渗碳层厚度,即总层深,从零件表面到显微硬度值或显微组织(出现钢材的原始组织)没有明显变化的垂直距离。

6.13.4 实验报告要求

(1)写出实验目的及原理。

(2)简述渗碳层深度的测量方法、要求及步骤。

(3)附上金相显微照片,写出测量结果。

(4)填写渗碳淬火零件有效硬化层深度检测报告,在表中画出从零件表面到出现钢材的原始组织垂直距离上的显微硬度值的分布梯度。

渗碳淬火零件有效硬化层深度检测报告

试样名称				测试日期	
零件数量		试样编号		检测依据	
检测设备				载荷	

实测硬度曲线图

序号	X	Y	HV1

检测结果			
备注			
检测人		检测日期	